"创意与思维创新"
数字媒体艺术专业新形态精品系列

Cinema 4D

三维建模与动画制作 实战教程

全彩微课版

吴向飞 郭森磊 黄文琪 编著

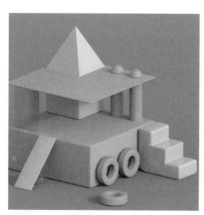

人民邮电出版社

北 京

图书在版编目（CIP）数据

Cinema 4D三维建模与动画制作实战教程：全彩微课版 / 吴向飞，郭森磊，黄文琪编著. -- 北京：人民邮电出版社，2025. --（"创意与思维创新"数字媒体艺术专业新形态精品系列）. -- ISBN 978-7-115-64926-3

Ⅰ. TP391.414

中国国家版本馆 CIP 数据核字第 2024QP9700 号

内 容 提 要

本书通过对大量案例的讲解，全面介绍了使用 Cinema 4D 进行三维建模与动画制作的方法，涵盖从基础用法到高级应用的方方面面。本书共 9 章，内容包括走进 Cinema 4D 的世界、建模初体验、摄像机与渲染、材质详解、灯光详解、渲染输出、运动图形和动力学、角色和毛发、综合案例——卡通角色循环走路。

本书可作为本科院校和职业院校数字媒体艺术、数字媒体技术、动漫与游戏制作等影视传媒专业的教材，也可作为相关行业从业者的参考书，还可作为 Cinema 4D 零基础读者的自学参考书。

◆ 编　著　吴向飞　郭森磊　黄文琪
责任编辑　韦雅雪
责任印制　陈　犇

◆ 人民邮电出版社出版发行　　北京市丰台区成寿寺路 11 号
邮编　100164　电子邮件　315@ptpress.com.cn
网址　https://www.ptpress.com.cn
北京博海升彩色印刷有限公司印刷

◆ 开本：787×1092　1/16
印张：14.5　　　　　　　　　　　2025 年 2 月第 1 版
字数：408 千字　　　　　　　　　2025 年 2 月北京第 1 次印刷

定价：79.80 元

读者服务热线：(010)81055256　印装质量热线：(010)81055316
反盗版热线：(010)81055315

前言

　　Cinema 4D是一款三维制作软件，应用广泛，用户可以在一个集成环境中完成建模、材质制作、灯光运用、渲染输出等三维制作任务。Cinema 4D为初学者提供了直观的操作界面和易于学习的工具，同时也满足了专业用户的需求。无论你是初学者还是有经验的3D艺术家，Cinema 4D都可以满足你的创意需求。由于Cinema 4D功能强大，实用性强，很多艺术设计相关专业都开设了"Cinema 4D三维建模与动画制作"课程。本书力求通过多个实例由浅入深地讲解Cinema 4D三维建模与动画制作的方法和技巧（本书使用的软件版本是Cinema 4D R26，操作系统版本是macOS 12.5.1），帮助教师开展教学工作，同时帮助读者掌握实战技能，提高设计能力。

编写理念

　　本书基于"基础知识+案例实操+强化练习"三位一体的编写理念，理实结合，学练并重，旨在帮助读者全方位掌握Cinema 4D三维建模与动画制作的方法和技巧。

　　基础知识：讲解重要和常用的知识点，分析并归纳Cinema 4D三维建模与动画制作的操作技巧。

　　案例实操：结合行业热点，精选典型的商业案例，详解使用Cinema 4D三维建模与动画制作的设计思路和操作方法，以全面提升读者的实际操作能力。

　　强化练习：精心设计有针对性的课堂练习和课后练习，以拓展读者的知识应用能力。

教学建议

　　本书的参考学时为64学时，其中讲授环节为40学时，实训环节为24学时。各章的参考学时参见下表。

章	课程内容	学时分配	
		讲授环节	实训环节
第1章	走进Cinema 4D的世界	2学时	2学时
第2章	建模初体验	2学时	2学时
第3章	摄像机与渲染	4学时	2学时

章	课程内容	学时分配	
		讲授环节	实训环节
第4章	材质详解	4学时	2学时
第5章	灯光详解	6学时	3学时
第6章	渲染输出	4学时	2学时
第7章	运动图形和动力学	6学时	4学时
第8章	角色和毛发	4学时	3学时
第9章	综合案例——卡通角色循环走路	8学时	4学时
学时总计		40学时	24学时

配套资源

本书提供了丰富的配套资源，读者可登录人邮教育社区（www.ryjiaoyu.com），从本书对应页面中获取配套资源。

微课视频：本书配有微课视频，读者扫码即可观看；本书支持线上线下混合式教学。

素材和效果文件：本书提供所有案例的素材文件和效果文件，读者可以边学边练。

素材文件

效果文件

教学辅助文件：本书提供PPT课件、教学大纲、教学教案等。

PPT课件

教学大纲

教学教案

编者
2025年1月

目录

第 8 章   184

角色和毛发

第 9 章   198

综合案例——卡通角色循环走路

第 1 章

走进 Cinema 4D 的世界

Cinema 4D 在三维制作领域有着不俗的表现。本书将讲解 Cinema 4D 的一些基础内容，帮助读者快速掌握 Cinema 4D 的使用方法。现在就让我们走进 Cinema 4D 的世界吧！

1.1 Cinema 4D简介

本节将对Cinema 4D做一个简单介绍,为之后理解和使用该软件奠定基础。

1.1.1 Cinema 4D概述

Cinema 4D是一款由德国Maxon Computer公司开发的三维制作软件,它以极快的运算速度和强大的渲染插件著称。当涉及三维模型创建或者三维场景搭建时,就不得不提到Cinema 4D了,建模、灯光、材质、绑定、动画、渲染等都可以用Cinema 4D实现。因其相较于其他三维制作软件更加简单、高效,所以它深受广大专业用户的喜爱。

1.1.2 Cinema 4D应用领域

Cinema 4D被广泛运用在栏目包装、电商设计、影视后期、工业设计、动画制作等领域中,是许多行业不可或缺的实用工具。下面介绍一下Cinema 4D常见的应用领域。

在栏目包装中,Cinema 4D常被运用到电视节目的宣传包装设计中。例如制作电视剧片头、设计视频转场以及搭建三维虚拟影棚等。

在电商设计中,Cinema 4D可以创建独特的三维视效元素,创造出具有视觉冲击力和美感的作品。电商从业者可使用Cinema 4D多角度地展示产品,帮助消费者更加直观地了解产品,从而激发消费者的购物欲望。

在影视后期中,可以用Cinema 4D创建角色模型、搭建三维场景以及制作动画特效,如《蜘蛛侠》《阿凡达》等电影的制作都有Cinema 4D的参与。Cinema 4D搭载了动力学、毛发及粒子等系统,可帮助CG艺术家创造视觉奇观。

在工业设计中,Cinema 4D可以模拟多种材质,搭配灯光效果,可以得到极具真实感的工业产品效果。模型制作也是Cinema 4D非常重要的一部分,它为搭建产品三维模型创造了实质性的条件。

1.2 Cinema 4D的优点

Cinema 4D是一款强大的三维制作软件,其优点可以总结为便捷、高效和强大。很多传统的三维制作软件操作烦琐,或操作界面过于复杂,让人望而却步。Cinema 4D的操作界面简洁,给不少用户留下了深刻的印象,它便捷的操作使得用户的工作效率更高。

1.2.1 容易学习的界面设计

Cinema 4D相较于其他三维制作软件,省去了许多烦琐的操作,从而降低了入门门槛,极易上手。

为了保证功能的完整性,大多数三维制作软件将布局设置得较为紧凑。Cinema 4D则不同,它具有极简的界面,从用户角度出发,它操作快捷、高效,避免了烦琐的操作步骤。Cinema 4D拥有简约外观的同时还具有高性能的特点,能大幅提升用户的工作效率。

1.2.2 强大的运动图形模块

Cinema 4D强大的模型组建和动效功能得益于它强大的运动图形模块。有了运动图形模块的帮助，Cinema 4D的创造力就有了无限的可能性。在运动图形模块中，绿色图标的组件为生成器，紫色图标的组件为效果器。生成器有8种类型，效果器有18种类型，这些生成器和效果器就像是各式各样的调味料，每种调味料都有各自的味道，根据不同调味料之间的差异和特性，可为作品添加不同且适量的调味料，使其产生"化学反应"，得到想要的"味道"，即目标效果。

1.2.3　功能完善

Cinema 4D的更新一直都在进行，每隔一段时间就会有新的功能面世。Cinema 4D在各种插件的加持下，功能愈发完善，能够胜任三维设计中的绝大部分工作。

在制作模型时，Cinema 4D会提供基础模型，用户可以在基础模型上加以修改和制作，或利用样条等建模工具进行模型搭建。模型制作是一切三维工作的根基，它在很大程度上影响了作品质量。

在制作动画时，用户可以利用运动图形模块、动力学系统等制作动画。生长动画、骨骼动画、变形动画和流体动画等都能在Cinema 4D中实现。这得益于Cinema 4D高效、简单的运动系统及强大的处理能力。

在材质与灯光方面，Cinema 4D同样足够优秀。用户可以在默认渲染器下为目标物体添加不同的材质或灯光，这个过程就像是给线稿涂上颜色，一切都将变得生动起来。

在渲染输出方面，Cinema 4D不仅有软件内嵌的渲染器，还有其他插件渲染器供用户使用。这不仅给渲染带来了更多的可能性，还照顾到了不同用户的渲染习惯。

在作品制作过程中，往往需要将多个软件配合使用，各取所长。Cinema 4D与其他软件的互通性非常优秀。例如，当Cinema 4D与After Effects等软件配合使用时，Cinema 4D强大的工作流能使作品创作事半功倍。

1.3　Cinema 4D操作界面

打开Cinema 4D，将会看到Cinema 4D操作界面，如图1-1所示，下面进行简单介绍。

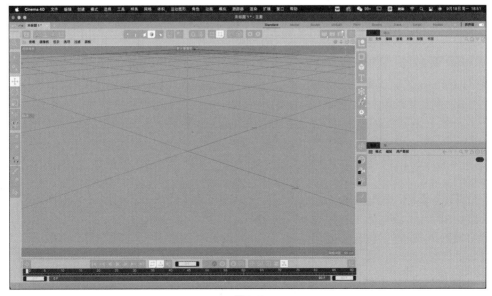

图1-1

1.3.1 标题栏

标题栏如图1-2所示。标题栏中会显示项目名称，项目默认名称为"未标题1-主要"。若用户对该项目工程进行操作后未保存，项目名称后将会出现"*"，如图1-3所示。

图1-2

图1-3

1.3.2 菜单栏

菜单栏如图1-4所示。菜单栏中包含"文件""编辑""创建"等菜单。在菜单栏中单击某个菜单，弹出的下拉菜单中会出现两条虚线，如图1-5所示。通过拖曳虚线，可在此下拉菜单的界面范围内单独生成一个界面窗口，以便自定义布局，提高工作效率。另外，再次拖曳虚线可与其他工作面板进行排列组合，以得到更加干净的界面。

图1-4

图1-5

1.3.3 工具栏

工具栏分为两个部分，其中一部分位于操作界面右侧，如图1-6所示。该部分工具栏包含调整物体位置及形态的基本工具、效果器及渲染器等。部分工具的右下角有三角形图标，如图1-7所示。这些图标代表在该工具下还有其他工具。若在这类工具图标上按住鼠标左键不放，可拖曳鼠标选择打开的下拉列表中的其他工具，如图1-8所示。

另一部分工具栏位于操作界面左侧，如图1-9所示。该部分工具栏被称为"编辑器工具栏"，包含移动工具、画笔工具等，操作方式与界面右侧的工具栏一致。

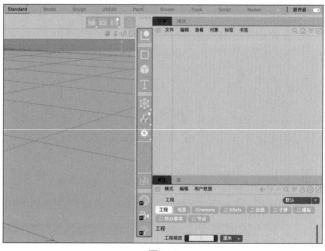

图1-6

图1-7　　　　　　　　　图1-8　　　　　　　　　图1-9

1.3.4　操作视窗

　　操作视窗即打开Cinema 4D后中间呈灰色并带有三维坐标系的网格界面，如图1-10所示。其视角默认为摄像机视角，在该视角下系统会对用户的操作进行直观展示。可以通过键盘与鼠标的配合对默认摄像机进行视角控制。如需更改摄像机的相关参数，则需进入属性面板，单击"模式"，选择"摄像机"，如图1-11所示，然后修改参数。

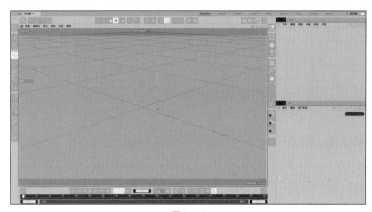
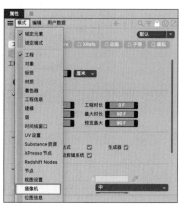

图1-10　　　　　　　　　　　　　　　　图1-11

　　操作视窗的左上方是操作视窗的菜单栏，其中包含"查看""摄像机""显示""选项""过滤""面板"6个菜单，如图1-12所示。

图1-12

　　1. 查看

　　"查看"菜单主要包含移动视图和显示对象的相关命令，如图1-13所示。

　　（1）摄像机视图被移动后，选择"撤销视图"可返回移动前的视图。若要撤销"撤销视图"操作，则可选择"重做视图"。

　　（2）"框显全部"用于将场景中所有的对象元素显示在摄像机视图中。

　　（3）"框显几何体"用于将场景中所有的几何体显示在摄像机视图中，灯光、摄像机等将不会在该视图中显示。

　　（4）"恢复默认场景"用于将视图恢复到初始状态。

　　（5）若在选取点、线、面时，需要单独对这些点、线、面进行修改，选择"框显选取元素"可移动视图直至包含选取的点、线、面。"框显选择中的对象"用于移动视图，直至包含该对象。

（6）"镜头移动""镜头缩放""镜头推移"这3个命令的执行效果不同于视窗操作中的效果。这3个命令都是基于摄像机镜头进行相应调整的。镜头移动：仅移动镜头，改变镜头朝向，摄像机位置不变，从而改变对象在画面中的位置。镜头缩放：仅改变像场，摄像机位置不变，在不改变透视的情况下，放大和缩小画面。镜头推移：仅改变镜头焦段，摄像机位置不变，可实现广角镜头、标准镜头、长焦镜头切换。

（7）"重绘"用于重绘画面中的动力学、粒子等部分。

2. 摄像机

"摄像机"菜单主要包含摄像机选取和摄像机视图等的相关命令，如图1-14所示。

图1-13

图1-14

（1）"导航"用于辅助改变视图。"光标模式"下，鼠标指针所在处被视为操作原点，以此原点进行旋转、缩放等操作。"中心模式"下，则是以视图中心为操作原点。"对象模式"下，则是以所选对象为操作原点。"摄像机模式"下，则是以摄像机为操作原点，旋转、缩放摄像机本身，常用于主观视角；"摄像机2D模式"类似于摄像机模式，但不支持旋转功能。

（2）在不改变摄影机模式的情况下，Cinema 4D的操作是在"默认摄像机"视图下进行的。"使用摄像机"在创建摄像机对象后方可使用，其功能是将视窗调整至所选摄像机所在的视图，用于切换多个摄像机视图。"设置活动对象为摄像机"则是将具体的模型对象视作摄像机，并将视窗移动到选择的对象上。

（3）"摄像机"菜单中有多项视图预设供用户选择，例如透视视图、平行视图、左视图、右视图、正视图、背视图、顶视图和底视图等。选择对应项，视窗就会快速切换到所选视图，但需要注意的是，部分视图下是无法进行旋转操作的。

3. 显示

"显示"菜单用来对物体的光影、线框和层级显示模式进行设置，如图1-15所示，包含"光影着色""光影着色（线

图1-15

条）""快速着色""快速着色（线条）""常量着色""隐藏线条"等显示模式。

（1）"光影着色"用于将物体按照场景中的光线逻辑显示，如图1-16所示。如果场景中没有创建光源，则"光影着色"与"快速着色"这两种显示模式之间就没有太大差异。

（2）"光影着色（线条）"在"光影着色"的基础上加入线条显示，这样可以帮助用户在调整模型时更准确地编辑线条位置等，如图1-17所示。

（3）"快速着色"用于规避场景中光源对模型的影响，如图1-18所示。

（4）"快速着色（线条）"在"快速显示"的基础上加入线条显示，如图1-19所示。

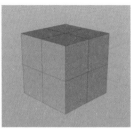

图1-16　　　　　　　图1-17　　　　　　　图1-18　　　　　　　图1-19

（5）"常量着色"将模型的高光、阴影设置为同一种颜色，以忽略光影变化。"常量着色（线条）"则是在"常量着色"的基础上加入线条显示。当赋予模型发光材质后，模型将显示颜色，所以"常量着色"常用于发光贴图等场景。

（6）"隐藏线条"仅展现模型对象的线条，而模型自身的遮挡关系依然存在，所以正常视角下不可见的线条部分会被隐藏。

（7）"线条"用于将模型的所有线条展现出来，并忽略遮挡关系。

（8）线条的形式分为"线框""等参线""方形""骨架"4种。"线框"会将物体所有线条展现出来，包括使用变形器后显示模型线条。"等参线"是将模型变形操作前的基础线条展现出来，所以线条的数量常常会少于"线框"。"方形"是将所有物体视为一个立方体，为了保证计算机正常运行而简化模型运算。"骨架"是将对象与对象之间的层级关系展现出来，以一根线条进行连接，模型本身不显示，常用于模型层级关系显示和骨骼动画制作。

4. 选项

"选项"菜单包含"细节级别""立体""效果"等命令，如图1-20所示。

（1）"细节级别"子菜单主要包含"低""中等""高"3个命令，如图1-21所示。这些命令可以将视图中的复杂场景简化，帮助计算机更快响应场景，但简化后可能会不利于场景判断。"细节级别"子菜单之下还有"将渲染细节级别设置用于编辑器渲染"命令，若勾选此命令，则视窗渲染所呈现的画面细节与视窗显示的细节几乎相同。

（2）"立体"用于将场景转换为立体影像视图，类似于3D电影，如图1-22所示。若想查看更多的立体关系，可打开属性面板，单击"模式"，选择"视图设置"，打开"立体"选项卡进行调整。在属性面板中打开"视图设置"的快捷键是"Shift+V"。

（3）"效果"用于控制是否启用"高质量噪波""后期效果""Magic Bullet Looks"等效果。勾选"效果"后，这些效果方可选择；若取消勾选，这些效果均不能被选择。

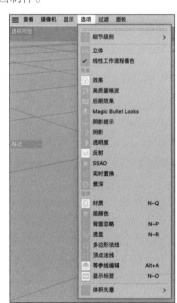

图1-20

（4）"背面忽略"用于取消模型的背面显示。

（5）"等参线编辑"用于编辑模型对象的等参线。

（6）"层颜色"用于赋予当前图层子级下的对象当前图层所具有的颜色，以便区分处于不同层的对象。

（7）"多边形法线"用于显示模型各个面上的法线。

图1-21

（8）"顶点法线"用于显示模型各个顶点上的法线。

（9）当模型通过标签设定"显示标签"后，选中"显示标签"，模型便可以单独按照显示标签要求进行显示。

（10）"材质"用于控制视窗中是否显示模型被赋予的材质。

（11）"透显"用于控制视窗中的模型是否透视显示。例如，对球体应用"透显"的效果如图1-23所示。

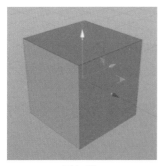

图1-22

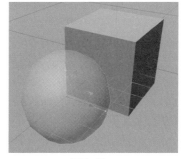

图1-23

5. 过滤

"过滤"菜单中的命令用于控制相应元素在视图中显示与否，包含"空对象""多边形""样条""生成器"等命令，如图1-24所示。大致将受控制的元素分为"编辑""对象""附加"3类，分别对应操作界面显示的相关元素、具体的某个对象和附加的一些可过滤的相关元素。如果需要过滤掉某项元素，使其不在操作界面中显示，选择对应的命令即可。

（1）"预设"用于设定在不同操作流程下快速切换到对应的常用过滤命令，包含"默认""全部""无""animation""modeling""sculpting"。

（2）"仅几何结构"用于设定在操作界面中仅显示几何结构，常涉及对模型场景、场景光影等的进一步检查。

6. 面板

"面板"用于控制视窗的显示。Cinema 4D默认有4个视图窗口，它们分别是"透视视图""顶视图""右视图""正视图"。下面将讲解"面板"菜单中的各项命令，如图1-25所示。

（1）"排列布局"子菜单中包含多种视图排列方式，可根据创作需要自行选择。

（2）"新建视图面板"用于弹出新建视图面板。

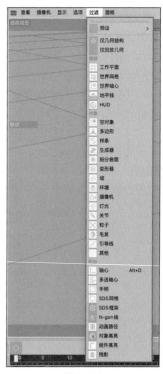

图1-24

（3）"视图1/2/3/4"用于将上述4个默认视图排列在菜单栏中，可以通过单击对应视窗实现快速切换。

（4）"全部视图"用于显示上述4种默认视图，可选择需要进入的视图进行编辑。在默认视窗右上角有一个方块图标，单击该图标可快速进入"全部视图"，如图1-26所示。再次单击对应视窗右上角的方块图标，可进入对应视图。在任意视图中，单击鼠标滚轮（或中键）也可进入"全部视图"，在对应视图中单击鼠标滚轮也可进入对应的视图。

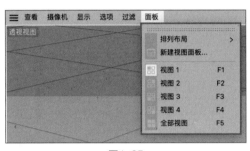

图1-25

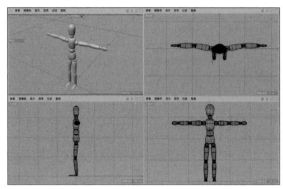

图1-26

1.3.5　对象管理器

模型、灯光、摄像机等对象都包含在对象管理器中，位于初始界面右上方。

1. 对象管理器对象框

在对象管理器左侧的对象框中，包含对象父子级结构、显示图标和对象名称。

（1）对象父子级结构：对象管理器的最左侧为对象层级，类似于树状结构，如图1-27所示。默认层级为并列层级，若将一个对象拖曳到另一个对象的下一层级中，对象将分级显示。

（2）显示图标：对象管理器会在左侧显示对象的图标，以更直观地展示所创建的对象。

（3）对象名称：位于对象图标右侧，以文字形式表示所创建的对象，用户可对对象名称进行修改，如图1-28所示。修改方式是，单击模型对象，出现属性管理器面板，在对象名称处修改文字，然后按Enter键确认。若需对多个对象进行重命名，则可在对象管理器面板中选择需要重命名的所有对象，然后进入属性管理器面板，在对象名称处修改文字。另外，在对象管理器面板中，双击对象名称可快速重命名，在命名时按"↑"和"↓"键可以快速切换被编辑的对象。

图1-27

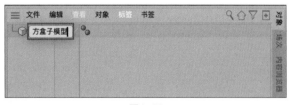

图1-28

2. 对象管理器层与显示框

在对象管理器中间层与显示框中，包含"层""编辑器可见/渲染器可见""对象启用"。

（1）"层"：单击对象名称右侧的"层"图标，将显示图1-29所示的内容，可以新建层、加入新层

图1-29

和移除层，具体操作方法将在1.3.9小节中介绍。

（2）"编辑器可见/渲染器可见"：图标█的右侧有竖直分布的两个点，如图1-30所示。上方的点表示编辑器视图状态，默认为灰色，若编辑器视图可见，则该点呈现为绿色；若编辑器视图不可见，则该点呈现为红色。下方的点表示渲染器视图状态，颜色状态与上方的点相同。若编辑器视图点为绿色，渲染器视图点为红色，即使能够在编辑器视图中看见该物体，也不能看见该物体渲染后的样子；反之亦然。点的颜色显示顺序为灰色、绿色、红色。按住"Shift"键并单击点，则显示顺序变为绿色、红色、灰色。按住"Alt/Option+Shift"键单击可同时控制上下两点的状态。若需要同时控制多个对象，可按住鼠标左键向下拖曳选择不同颜色的点，从而改变多个对象的显示状态。

（3）"对象启用"：两点右侧的"√"，如图1-31所示。该图标有两种形态——"√"和"×"，分别对应对象基本属性面板中的"启用"和"不启用"两种情况。当图标为"√"时，对象启用；当图标为"×"时，对象不启用。

图1-30

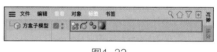

图1-31

3. 对象管理器标签框

在对象管理器右侧的标签框中，包含多个标签，用于为对象添加不同属性的标签。可以在选择对象后，从对象管理器菜单栏中选择"标签"进行添加，如图1-32所示，也可右击对象，在弹出的快捷菜单中选择"标签"命令。

图1-32

4. 文件

对象管理器的菜单栏中包含"文件""编辑""查看""对象""标签""书签"6个菜单，如图1-33所示。

"文件"菜单中包含"合并对象""保存所选对象为""导出所选对象为"3个命令。

（1）"合并对象"：在对象管理器菜单栏中，选择"文件>合并对象"命令，打开其他的Cinema 4D工程项目，快捷键是"Ctrl/Cmd+Shift+O"（Cmd对应macOS的Command键），如图1-34所示。

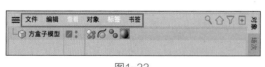

图1-33

图1-34

（2）"保存所选对象为"：选择对象后，在对象管理器的菜单栏中，选择"文件>保存所选对象为"命令，将所选对象以Cinema 4D文件形式保存。

（3）"导出所选对象为"：将所选的模型对象以其他格式导出，其中".obj"为常用的导出格式。

5. 编辑

"编辑"菜单包含一些基础选项命令，如"剪切""复制""粘贴""删除""全部选择""选择可见""选择子级""反向选择""取消选择"等。其中"全部选择""选择可见""选择子级""反向选择""取消选择"需要着重理解，如图1-35所示。

（1）"剪切"用于复制对象并将其从对象管理器中删除。

（2）"复制"用于复制对象且保留源对象。复制对象有多种方法：选择对象，在对象编辑器的菜单栏中执行"编辑>复制"命令即可将对象复制；选择对象，按快捷键"Ctrl/Cmd+C"也可复制对象；按住"Ctrl/Cmd"键的同时拖曳对象，可实现快速复制。

（3）"粘贴"用于将已复制的对象生成在所选位置。

（4）"删除"用于将已选择的对象删除。

（5）"全部选择"用于将对象管理器中的所有对象选中。

（6）"选择可见"表示在内容浏览器中选择一个已设置为可见的对象（并不包括在对象管理器中编辑器不可见、渲染器不可见或未启用的对象）。

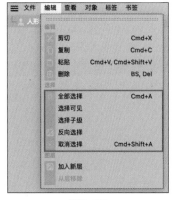

图1-35

（7）"选择子级"表示选中所选对象的子级，例如，选择有多个层级的第一层级对象后，选择该命令，则所选对象下的所有层级会一并被选择。

（8）"反向选择"表示取消选择已选择的对象，并选择之前未选择的对象。

（9）"取消选择"表示取消选择所有已经选择的对象。

6. 查看

对象管理器中的"查看"菜单主要用于设置和管理对象的显示方式，如图1-36所示。"查看"菜单中主要包含"图标尺寸""全部折叠""滚动到所选对象""平直目录树""层""竖向标签"等命令。

（1）在对象管理器的菜单栏中，选择"查看>图标尺寸"命令，在打开的子菜单可以设置对象图标的尺寸，包含"大图标""中图标""小图标"3种，如图1-37所示。

（2）在对象管理器中，单击"查看"菜单，"折叠"相关命令包含"全部折叠""全部展开""折叠选择""展开选择"，适用于拥有子层级的对象。单击"全部折叠"可将对象管理器中树状子层级部分向上折叠；单击"全部展开"可将对象管理器中树状子层级部分向下展开。"折叠选择""展开选择"则是对所选层级的子层级进行折叠/展开操作。单击"折叠/展开"图标也可进行折叠/展开操作，如图1-38所示。按住"Ctrl/Cmd"键，单击"折叠/展开"图标可进行一键折叠/展开快捷操作。

图1-36

图1-37

图1-38

（3）当对象管理器中对象数量较多且不容易在对象栏中查找时，可以利用编辑器视图选择目标对象，在对象管理器的菜单栏中，选择"查看>转到第一激活对象"命令，对象管理器将自动跳转到该对象所在的位置。

（4）"平直目录树"可以将现有的对象以平铺的形式逐个展现，虽然都以平面的形式展现，但对象中的层级关系依然存在。"层"表示将对象以所在层为标准打包分类。对象后缀标签数量过多时，选择"竖向标签"命令可将标签纳入该对象下的文件夹中，以便管理。

7. 对象

对象管理器的菜单栏的"对象"菜单包含"显示""修改""群组""烘焙""材质""信息"等命令，如图1-39所示。

（1）"恢复选集"：为对象创建选集后，快速地恢复选集内容。

（2）"对象显示"：其中的命令用于设置对象在编辑器视图与渲染器视图中可见与否。

（3）"转为可编辑对象"：创建立方体后，用户仅能修改其长、宽、高、分段数等信息，若想进一步调整立方体的点、线、面等信息，则需先将其转换为可编辑状态。

（4）"当前状态转对象"：将可编辑对象转换为一个整体对象。例如，运用效果器改变模型对象形状后，选择该命令可得到编辑后的模型整体。

（5）"连接对象"：将多个对象组合并转换为一个整体对象，同时保留原有的多个对象。而"连接对象+删除"则是将多个对象组合并转换为一个整体对象后，将原有的多个对象删除。

（6）"群组对象"：将已选择的多个对象放在一个群组之中，建立群组的标志是创建"空对象"。

（7）"解组对象"：表示已经成组的对象取消连接状态而单独显示。

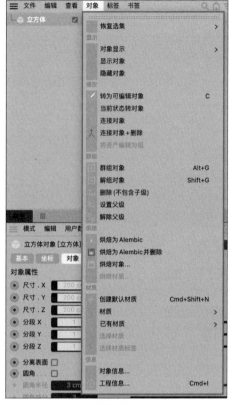

图1-39

（8）"删除（不包含子级）"：将所选对象删除，而其子层级的对象不会被删除。

（9）"设为父级"：将已经选择的多个对象设置为父子级关系，其中第一个被选择的对象将作为多个对象的父级。

（10）"解除父级"：将已选择的子级从父级中脱离，即解除父子级关系。该系列操作同样可以通过将对象子级拖曳进或拖曳出对象父级完成。

（11）"创建默认材质"：为所选对象创建默认材质球。Cinema 4D以往版本中，模型对象的材质需要在材质管理器中进行添加，而R26版本可以在此直接添加。

（12）"对象信息"：显示已选择对象所占据的内存、所包含的点数量、多边形数量以及所选对象数，如图1-40所示。

（13）"工程信息"：将对象管理器中所有对象的信息进行统一显示。

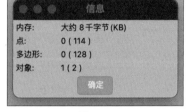

图1-40

8. 标签与书签

对象管理器中的"标签"扮演着非常重要的角色，各类标签将在之后着重讲解。"书签"为对象管理器提供"保存界面预设"和"加载界面预设"功能。

1.3.6 动画编辑窗口

动画编辑窗口位于操作视窗下方，如图1-41所示，分为时间轴设置区、播放控制器、关键帧设置区。

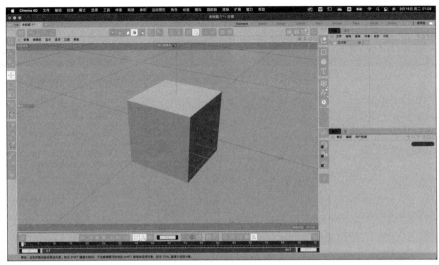

图1-41

（1）时间轴带有数字刻度，可以精确体现帧所在的位置。拖动时间轴游标可以跳转至不同位置的画面帧，相应帧数值会在时间轴上方显示，如图1-42所示。时间轴有默认的帧数范围，可以拖动时间轴下方长条滑块左右的"条形图标"对帧数范围进行调整，双击"条形图标"可以恢复默认值，如图1-43所示。也可以通过更改长条滑块左右两侧的数值来对帧数范围进行设置。帧数范围可以设置得大于默认的帧数范围，以获得更长的播放时间。拖动长条滑块可以更改预览区域，但预览范围的帧数是固定的。

图1-42　　　　　　　　　　　　　　　　　　图1-43

（2）时间轴右上方为播放控制器，如图1-44所示。从功能上看，以"开始/暂停"为轴中心，左右两侧呈轴对称分布，从左到右分别是"转到开始"，从时间轴开始帧开始播放，快捷键为"Shift＋F"；"转到上一关键帧"，回到上一个关键帧的位置，常用于对关键帧进行设置，快捷键为"Ctrl/Cmd＋F"；"上一帧"，时间轴游标向左行进一帧，常用于动画细节调整，精细控制时间轴游标位置，快捷键为"F"；"开始／暂停"，控制播放的开始与暂停，快捷键为"F8"；"下一帧"，时间轴游标向右行进一帧，快捷键为"G"；"转到到下一关键帧"，快捷键是Ctrl/Cmd＋G；"转到结束"，转到时间轴范围内的最后一帧，快捷键为"Shift＋G"。

（3）在播放控制器右侧有3个控制按钮，默认分别为"循环播放""方案设置""播放声音"，如图1-45所示。"循环播放"下拉列表包含"简单""循环""往复""预览范围"4个选项。前3项分别对应3种播放模式，"简单"表示播放一次则结束，"循环"表示播放结束后将从头再次播放，"往复"表示重复进行正放或倒放。"预览范围"则是仅在预览的范围中播放。"方案设置"用于设置播放动画的帧率，一般默认为工程设置帧率。"播放声音"用于在时间线中包含声音信息时控制声音是否启用。

（4）当前帧显示的右方有3个按钮，用于对关键帧进行设置，依次为"记录活动对象""自动关键帧""关键帧选集"，如图1-46所示。"记录活动对象"，即调整参数后需要对关键帧进行设定，拖动时间轴游标到关键帧位置后单击该按钮，可将此键打上关键帧，以提升工作效率，快捷键为"F9"。启用"自动关键帧"后，Cinema 4D将根据用户设置的参数，自行在时间轴上设置关键帧，快捷键为"Ctrl/Cmd＋F9"。

图1-44　　　　　　　　　　图1-45　　　　　　　　　　图1-46

（5）开/关记录属性。可自动对关键帧记录的范围进行选择，其中可选内容包含"位置""缩放""旋转""参数""点级别动画"。

1.3.7　坐标管理器

在菜单栏中选择"窗口>坐标管理器"命令，坐标管理器出现在播放控制器的右侧，如图1-47所示。在三维制作软件中，每个对象都有坐标，其位置可以用世界坐标系中的x、y、z来表示，坐标管理器可以定位对象或修改对象的位置、大小尺寸、旋转角度等，以此来改变对象的形状及姿态。如果一个对象没有层级关系并位于世界坐标系的中心，则该对象的x、y、z值均为0。在世界坐标系中，用数值表示与坐标原点的距离，用正负号来表示坐标轴的方向。

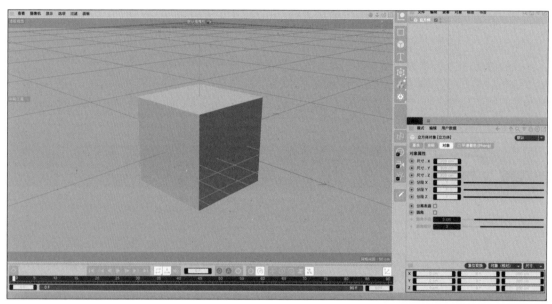

图1-47

1.3.8　材质管理器

在菜单栏中选择"窗口>材质管理器"命令，即可打开材质管理器，如图1-48所示。材质管理器是对物体材质进行编辑管理的工作区域。

（1）在材质管理器的菜单栏中，选择"创建>新的默认材质"命令，即可获得默认材质球。双击材质管理器空白区域可快速创建默认材质球，按住"Ctrl/Cmd"键可实现拖曳复制。在材质管理器的菜单栏中，选择"编辑>材质编辑器"命令，或双击材质球进入该材质球的材质编辑器，可对材质属性进行调整。在Cinema 4D中，材质以材质球的形式展现，虽然默认材质球有着强大的功能，但在某些特定情况下需要使用其他类型的材质球，例如毛发材质、烟雾材质等。在材质管理器的菜单栏中，选择"创建>节点材质预设"命令，其子菜单中有Cinema 4D自带的材质预设，如图1-49所示。如果安装了第三方渲染插件或者第三方材质预设，材质管理器中也会显示。

（2）在"创建"菜单中，用户可以对设置完成的材质球或现有材质球进行保存或加载预设操作。在"编辑"菜单中，除了"撤销""重做""复制""粘贴"命令外，还有一些实用的命令。例如在材质较多的情况下，可以选择"删除重复材质"或者"删除未使用材质"命令来对材质球进行管理。用户可以选择多个材质，选择"编辑>加入新层"命令来创建群组，对已选材质进行分类。之后可单击材质球，选择"编辑>从层移除"命令来管理层级中的材质球。

图1-48

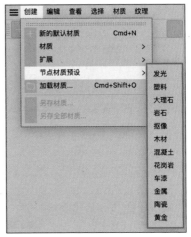
图1-49

（3）在"查看"菜单中，可以对材质球的显示方式进行管理。可以选择列表排列或网格排列方式，也可对图标大小进行设置。

（4）在"选择"菜单中，可以对所需材质球进行快速选择。在材质球繁多的情况下，当无法寻找到最近选择的材质球时，可以选择"第一活动材质"命令，材质栏将跳转到材质球所在位置。选择材质球后，选择"选择材质标签/对象"命令即可在对象管理器中选择具有该材质的对象。同样，也可以在对象管理器中反向寻找材质球所在位置，双击材质标签，材质栏则会将该材质高亮显示。

（5）在"材质"菜单中，"渲染材质"用于对所选材质球的材质预览进行渲染；"渲染全部"用于对全部材质球的材质预览进行渲染；"排列材质"用于将材质球按照名称顺序进行排列；"材质交换器"用于与其他三维制作软件进行材质转换。

（6）在"纹理"菜单中，"重载所有贴图"用于将所有材质中的贴图重新载入，以解决贴图未加载或贴图卡顿等问题。

（7）重命名材质球。方法一，右击材质球，在弹出的快捷菜单中选择"重命名"命令；方法二，进入材质管理器，在其右上方名称部分进行编辑；方法三，双击材质球名称部分进行编辑，如图1-50所示。

1.3.9 属性/层系统管理器

图1-50

Cinema 4D所有对象的属性都集中在属性/层系统管理器（位于操作界面右下方），这里也是用户最常用的参数调整区域，如图1-51所示。属性/层系统管理器的右上方有3个箭头图标，左右箭头的功能类似网页浏览器中的前进/后退按钮，可对之前出现在属性管理器中的页面进行快速切换，向上的箭头则用于上下层级之间的切换。单击"放大镜"图标，可在属性面板中搜索属性，如图1-52所示。单击"锁"图标，开启"锁定元素"锁定页面。当用户需要对参数进行调整，但又不希望属性页面被切换时，可以单击"锁"图标，以保证页面不被切换，如图1-53所示。

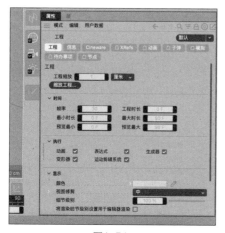

图1-51

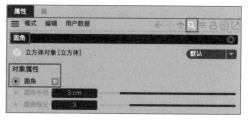

图1-52

对象属性中有3种基本属性是不变的，即"基本""坐标""平滑着色（Phong）"，如图1-54所示。其他属性则会因对象的不同而有所区别。

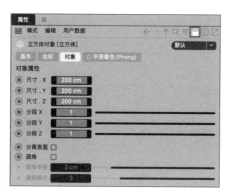

图1-53

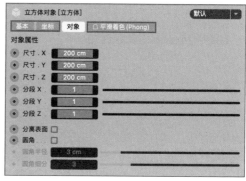

图1-54

1．"基本"选项卡

在"基本"选项卡中，包含"名称""编辑器可见""渲染器可见""显示颜色""透显"等属性。

（1）"名称"：用于给对象命名。也可以在"图层"中安排对象进入所选集合中。

（2）"编辑器可见"：用于设置对象能否在操作视窗中显现。

（3）"渲染器可见"：用于设置对象能否在渲染图中显现。若仅关闭"编辑器可见"，则渲染图中仍会显示该对象。若仅关闭"渲染器可见"，则操作视窗中会显示该对象，而渲染图中不显示。

（4）"显示颜色"：用于在赋予对象材质之前让对象显示颜色，以帮助区分或标记对象。"显示颜色"默认处于关闭状态，开启后，可在下方"颜色"中选择标记颜色。

（5）"透显"：用于透视显示对象。当出现视图遮挡，并且需要显示对象内部或者背后的情况时，可以开启"透显"，如图1-55所示。

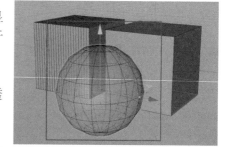

图1-55

2．"坐标"选项卡

在"坐标"选项卡中，可以调整模型在世界坐标系中的位置、形状、大小和旋转角度等。

（1）"四元旋转"：用于解决万向节锁死问题。万向节锁死问题较为复杂，将在3.1.2小节中进行讲解。在此可以将其简单理解为避免模型在旋转过程中出现卡顿、晃动，形成路径稍微偏移的连续性万向节旋转过程。

（2）"冻结变换"：用于冻结模型现有的坐标参数，在绑定动画中较为常用。在调整模型参数之前将其坐标信息冻结起来，调整坐标数值归零，方便之后的动画操作，最后解冻还原该模型的实际坐标。

3. "平滑着色（Phong）"选项卡

在"平滑着色（Phong）"选项卡中，可以使生成的多边形模型产生平滑效果，"Phong"是一种着色方法，能够为曲面提供更好的平滑着色效果。"平滑着色（Phong）"选项卡中主要需要用到的属性是"角度限制"和"平滑着色（Phong）角度"。

（1）"角度限制"：用于开启平滑着色效果。

（2）"平滑着色（Phong）角度"：用于设置受到平滑效果影响的角度。例如，当角度为"60°"时，60°以下的角将会受到平滑效果的影响，而60°以上的角则不会受到平滑效果的影响。

4. 属性管理器

在属性管理器中，包含"模式""编辑""用户数据"3个菜单，如图1-56所示。

"模式"菜单如图1-57所示。选择需要的命令即可进入对应的属性面板，其中"工程"命令最为常用，先对其进行讲解。

打开"模式"菜单，选择"工程"，或使用快捷键"Ctrl/Cmd+D"，进入工程属性面板，如图1-58所示。工程属性面板中"工程"选项卡下，包含"工程缩放""帧率""工程时长""细节级别""视图修剪""线性工作流程""输入色彩特性"等选项。

图1-56

（1）"工程缩放"用于调节工程文件长度，单击"缩放工程"按钮，可对现有或导入的工程文件进行整体比例的调整。

（2）"帧率"用于设置工程动画的帧率。帧率表示每秒传输的帧数，原则上帧率越高动作越流畅，但过高的帧率可能不符合人眼的视觉习惯，造成一种"不真实感"。一般电影项目的帧率为24帧/秒，即一秒内播放24帧。

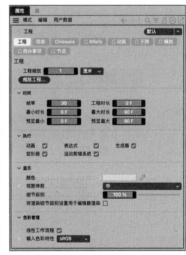

（3）"工程时长"用于表示现在时间轴标尺所在的帧数。"最小时长"和"最大时长"

图1-57　　　　　　　图1-58

共同决定整个项目的帧数范围，"预览最小"和"预览最大"则是在这个范围内进行部分展示，原理与1.3.5小节所提到的长条滑块相同，滑块两端的数值相当于"最小时长"和"最大时长"。

（4）"细节级别"表示显示的细节程度，可根据个人计算机硬件情况进行调节，勾选"将渲染细节级别设置用于编辑器渲染"后即可使用"细节级别"进行检查。

（5）"颜色"用于显示未添加材质的模型的颜色。

（6）"视图修剪"用于设置对摄像机拍摄范围以外的地方进行修剪。

（7）"线性工作流程"与"输入色彩特性"涉及色彩空间管理。当图像的颜色是50%的灰色时，实际显示的可能是18%左右的灰色。若想要显示50%的灰色，则需要图片呈现75%的灰色，但会导致灯光衰减不自然, 颜色混合不自然等, "线性工作流程"则用于解决此问题, 其默认是打开的。"输入色彩特性"有"sRGB""线性""禁用"3个选项, 默认为"sRGB"。

5. 层系统管理器

层系统管理器位于属性管理器标签右侧, 需要单击"层"进行显示, 如图1-59所示, 快捷键为"Shift+F4"。在层系统管理器中, 可以对层级中的"独显""查看"等选项进行单独控制。通过对场景元素进行分类来方便元素的管理。场景中的所有元素都可以放进"层"中, 例如灯光、材质、模型等。用户也可对"层"进行重命名。

将对象加入或移除"层"的方法如下。

(1) 在对象管理器或材质管理器中, 右击目标对象, 弹出快捷菜单, 选择"加入到层"命令, 将对象加入现有的层。"加入新层"用于创建包含此对象的新层, "从层移除"则是将对象从所在的层中移除。

(2) 选择目标对象, 在对象管理器或图像管理器中选择"编辑", 出现的菜单包含"加入到层""加入新层""从层移除"3个命令。

(3) 在对象管理器中, 单击需要加入"层"的对象所对应的灰色方块图标, 如图1-60所示。若此时已有层被创建, 图标旁将显示"加入到层""加入新层""层管理器"3个选项, 否则仅显示"加入新层"和"层管理器"。若此时相应对象已经在"层"中, 单击该方块图标则会新增"从层移除"选项。

在对象管理器或材质管理器中, 单击对象并拖曳到相应的"层"中, 也可将其添加到"层"中。

当材质或对象加入"层"中后, 材质球预览图左上角或对象的图标中将会出现相应层的颜色, 以便观察, 如图1-61所示。在"层"中, 可根据对应的标签打开或关闭相应功能, "层"中的元素均会受到影响。

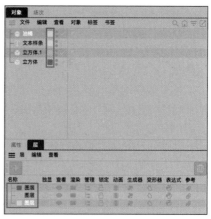

图1-61

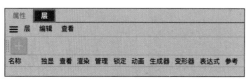

图1-59

图1-60

1.3.10 控制视窗

编辑器视图右上角有3个控制视窗的图标, 如图1-62所示。

左起第1个图标为"移动按钮", 按住该图标并拖动鼠标即可使该图标在摄像机焦平面方向上移动; 若用鼠标右键按住该图标并拖动鼠标, 即可使该图标在摄像机焦平面中心垂直线方向上移动。

图1-62

左起第2个图标为"缩放按钮", 按住图标并拖动鼠标即可在摄像机焦平面中心垂直线方向上移动, 若利用鼠标右键按住图标并拖动鼠标则会改变摄像机焦段以获得缩放效果。

左起第3个图标为"旋转按钮", 按住图标并拖动鼠标即可围绕画面中心球形旋转, 若利用鼠标右键按住图标并拖动鼠标即可使摄像机沿横滚轴做桶形旋转。

　　控制视窗的两种快捷操作如下。

　　（1）同时按住"Alt"键和鼠标左键并拖动鼠标，即可旋转视图；同时按住"Alt"键和鼠标滚轮并拖动鼠标，即可移动视图；同时按住"Alt"键和鼠标右键并拖动鼠标，即可缩放视图，直接滚动鼠标滚轮也可缩放视图。

　　（2）同时按住"1"键和鼠标左键并拖动鼠标，即可移动视图；同时按住"2"键和鼠标左键并拖动鼠标，即可缩放视图；同时按住"3"键和鼠标左键并拖动鼠标，即可旋转视图。

1.4　实战案例：Cinema 4D的模型导入与导出

　　搭建场景时，从模型资源库中利用现有的模型进行搭建可以事半功倍。当需要在场景中添加模型，或者将制作好的模型场景保存时，可利用"导入"与"导出"实现操作。

资源位置

素材文件	素材文件>CH01>1 案例：Cinema 4D的模型导入与导出
实例文件	实例文件>CH01>1 案例：Cinema 4D的模型导入与导出.c4d
技能掌握	掌握在Cinema 4D中导入与导出模型的方法

微课视频

操作步骤

导入方法1

　　（1）在菜单栏中选择"文件>合并项目"命令，如图1-63所示。

　　（2）在弹出的文件目录中选择需要导入的模型。选择文件"导入模型.obj"，单击"Open"（打开）按钮，如图1-64所示。

　　（3）Cinema 4D中将会弹出"OBJ导入"面板，如图1-65所示，单击"确定"按钮即可导入模型。

图1-63

图1-64

图1-65

导入方法2

在对象管理器的菜单栏中，选择"文件>合并对象"命令，导入模型，如图1-66所示。

图1-66

导入方法3

将模型拖曳至默认视窗中，Cinema 4D将打开一个新的工程项目，不会加载在现有场景中，如图1-67所示。

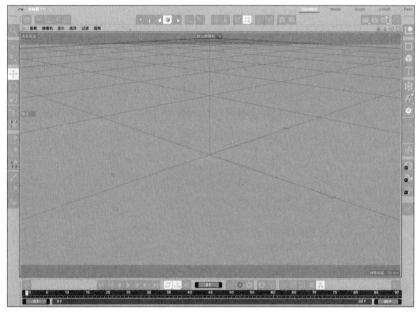

图1-67

导出方法1

（1）单击工具栏中的立方体图标 ，如图1-68所示，创建一个立方体。创建后的立方体将显示在操作视窗中，如图1-69所示。

图1-68

图1-69

图1-70

（2）在菜单栏中选择"文件>导出"命令，导出格式选择"Wavefront OBJ（*.obj）"，如图1-70所示。

（3）弹出"OBJ导出设置"面板，如图1-71所示，设置相关参数后单击"确定"按钮。

（4）此时会弹出"Save"面板，用于设置模型导出路径和模型名称，如图1-72所示。设置好后，单击"Save"（保存）按钮完成导出。

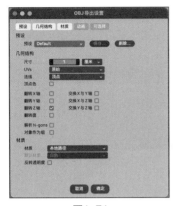

图1-71

图1-72

导出方法2

（1）在对象管理器中选择需要导出的模型，选择对象管理器菜单栏中的"文件>导出所选对象为>Wavefront OBJ（*.obj）"命令，如图1-73所示。

（2）此时弹出"OBJ导出设置"面板，如图1-74所示，设置相关参数后单击"确定"按钮。

图1-73

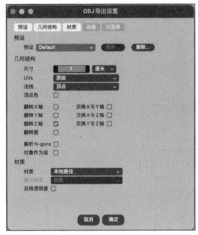

图1-74

（3）此时弹出"Save"面板，用于设置模型导出路径和模型名称，如图1-75所示。设置好后，单击"Save"（保存）按钮完成导出。

图1-75

第 2 章

2

建模初体验

学习三维模型制作软件的第 1 步就是掌握模型的
构建。物体在空间中的形态多种多样，但是再复
杂的物体也能被解构为简单的几何立体图形，所
以掌握好本章的内容是十分重要的。要学好建模
需要养成观察生活中物体结构形态的习惯，且需
要具有解构物体形态的思维。这对提升建模能力
有着极大的帮助。

2.1　参数化建模

Cinema 4D中有许多自带的模型，这些模型便是基础模型。一些复杂模型往往是由基础模型通过一步步地调整参数而形成的。在参数化建模当中，了解每个图形的属性和面板上每个参数改变后产生的效果至关重要。下面将对常用的模型进行讲解。

2.1.1　立方体

在菜单栏中选择"创建>网格>立方体"命令，如图2-1所示，或在工具栏中单击"立方体"图标，即可在操作视窗中创建立方体初始模型，如图2-2所示。

创建好立方体后，对象管理器中就会出现"立方体"图标及其名称，如图2-3所示。在属性管理器中，"基本""坐标""平滑着色（Phong）"3个选项卡是所有对象都拥有的，具体情况已在1.3.9小节"属性/层系统管理器"中介绍过了，此处不赘述。

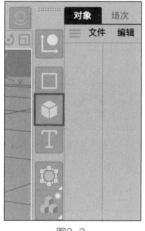

图2-1	图2-2	图2-3

在属性管理器中，打开"对象"选项卡包含立方体的"尺寸.X/Y/Z""分段X/Y/Z""分离表面""圆角"等属性，如图2-4所示。

（1）"尺寸.X/Y/Z"用于调整对象的x、y、z轴上的尺寸，即立方体的长、宽、高。通过调节x、y、z轴上的尺寸，可以改变立方体的形态；在操作视窗中，拖动模型坐标轴对应3点也可以改变模型的长、宽、高，如图2-5所示。

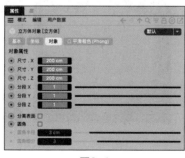

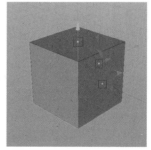

图2-4	图2-5

（2）"分段X/Y/Z"分别代表着立方体在空间中的3个方向上，即6个面的分段情况。分段是

将x、y、z轴对应的面用等距线段切分，方便模型后续变形或者对其点线面进行调整。在视窗菜单栏中单击"显示"菜单，更改显示模式为"光影着色（线条）""快速着色（线条）""常量着色（线条）"等模式，即可在视窗中显示模型的分段线。

（3）"分离表面"是将模型的面分离，形成6个独立的面。勾选"分离表面"复选框后，模型并不会产生变化，其原因是默认模型处于对象模式，用户需要将整个模型转化为可编辑对象，模型才会发生变化。具体操作如下。

在对象管理器中，右击立方体，弹出快捷菜单，选择"转为可编辑对象"命令，快捷键为"C"，或者在操作视窗右侧的工具栏中单击"转为可编辑对象"图标 ，如图2-6所示。勾选"分离表面"复选框前后，对象管理器中立方体图标的状态如图2-7和图2-8所示。勾选"分离表面"复选框并将立方体转化为可编辑对象，对象管理器如图2-9所示。单击空对象的子层级，可以发现这是由6个面结为群组的1个空对象立方体，用户可以对立方体的每一个面单独进行控制，6个面之间互不影响。

| 图2-6 | 图2-7 | 图2-8 | 图2-9 |

（4）"圆角"是将立方体所有的棱进行倒角处理。勾选"圆角"复选框，立方体的棱将产生圆角效果，如图2-10所示。可以通过改变"圆角半径"值来改变圆角大小。改变"圆角细分"值可以改变圆角的平滑程度，数值越大，圆角过渡越平滑，反之则越不平滑。当数值为1时，立方体的棱呈现普通倒角样式，无圆角效果，如图2-11所示。

（5）在属性管理器中，打开"平滑着色（Phong）"选项卡，面板将会显示立方体的平滑着色属性。"平滑着色（Phong）"选项卡的作用是对面与面之间小于平滑着色角度的棱做平滑处理。平滑着色角度可在选项卡中进行调整。将平滑着色角度为0°的模型与平滑着色角度为180°的模型进行比较，分别如图2-12和图2-13所示。"平滑着色（Phong）"在创建模型对象时会自动生成。

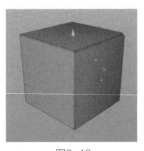

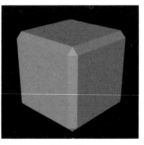
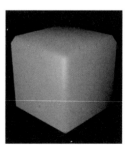

| 图2-10 | 图2-11 | 图2-12 | 图2-13 |

2.1.2 圆锥体

在菜单栏中选择"创建>网格>圆锥体"命令，如图2-14所示，即可在操作视窗中创建圆锥体模型。或在工具栏中单击"立方体"图标  右下角的三角形按钮，在弹出的下拉列表中选择"圆锥体"选项，如图2-15所示，即可获得一个圆锥体模型。

　　除了"基本""坐标""平滑着色（Phong）"这3个基础选项卡外，圆锥的属性管理器中还有"对象""封顶""切片"等选项卡。打开"对象"选项卡，面板将会显示圆锥的对象属性，如图2-16所示。

　　（1）"顶部半径"用于控制圆锥顶部的大小，默认值为0，即圆台顶面为一个点，故为圆锥。

　　（2）"底部半径"用于控制圆锥底部的大小，其应用与原理同"顶部半径"。若顶部半径与底部半径相同，此时的对象为圆柱体。

　　（3）"高度"用于控制圆锥的高度，数值越大，圆锥的高度越高。当高度为"0"时，圆锥将被压缩为一个圆形平面，此时圆形平面的半径为"顶部半径"与"底部半径"的平均值。

　　（4）"高度分段"用于对圆锥体进行分段。可通过设置"光影着色（线条）"展现出分段线条，在操作视窗菜单栏中选择"显示>光影着色（线条）"命令即可。

图2-14

　　（5）"旋转分段"用于设置圆锥体的斜边数量，"旋转分段"值越高，斜边数量越多，更趋近于圆，"旋转分段"最小值为3。当圆锥的"旋转分段"值为3时，其形态为三棱锥，如图2-17所示。

图2-15

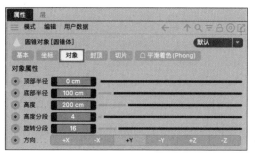

图2-16

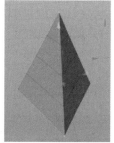

图2-17

　　（6）"方向"用于设定圆锥体的朝向，包含"+X""-X""+Y""-Y""+Z""-Z"这6个选项，默认为"+Y"。

　　打开"封顶"选项卡，面板将会显示圆锥体的封顶属性，如图2-18所示。

　　（1）"封顶"用于控制是否启用封闭圆锥体的顶部和底部。当顶部半径大于0时，勾选"封顶"复选框，即启用封顶，不勾选则无上下封顶，呈中空状态。

　　（2）"封顶分段"用于在封顶上加入分段线。

　　（3）"圆角分段"用于在圆角倒角处设置分段线，数量越多，圆角过渡越平滑。但默认情况下该功能是关闭的，勾选"顶部/底部"复选框后方可使用，所以可在勾选"顶部/底部"复选框时设定顶部圆角、底部圆角或同时圆角。

　　（4）"半径"和"高度"表示圆角的半径和高度，

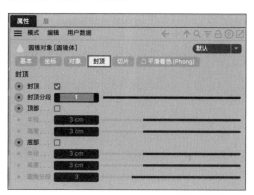

图2-18

两者共同决定圆角的作用范围。

打开"切片"选项卡，面板将会显示圆锥的切片属性，如图2-19所示。

（1）"切片"是将圆锥沿中心切开，用于控制切片首尾位置。开启"切片"后即可使用切片功能。

（2）"起点"与"终点"用于控制圆锥体切片后首尾所在的角度和位置。

（3）"标准网格"是在切片后的切割面以网格的形式重新布线，可通过"宽度"设置网格大小。

在上述属性中，顶部/底部半径、高度、顶部/底部圆角都可在操作视窗中利用坐标上的操控点进行控制，如图2-20所示。

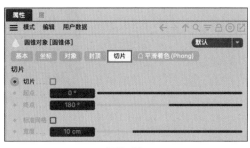
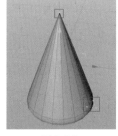

图2-19　　　　　　　　　　　　图2-20

2.1.3　圆柱体

在菜单栏中选择"创建>网格>圆柱体"命令，如图2-21所示，即可在操作视窗中创建初始的圆柱体模型。或在工具栏中按住"立方体"图标并拖动鼠标，在其下拉列表中选择"圆柱体"选项，如图2-22所示。

除了"基本""坐标""平滑着色（Phong）"这3个基础选项卡外，属性管理器中还有"对象""封顶""切片"等选项卡。打开"对象"选项卡，面板中将会显示圆柱体的对象属性，如图2-23所示。

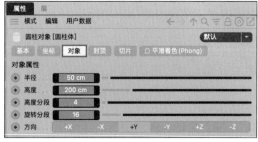

图2-21　　　　　　　　　图2-22　　　　　　　　　图2-23

（1）"半径"用于控制圆柱体大小，默认值为50。当圆柱体的半径为0时，圆柱体将变成一条线段，这条线段的长度由"高度"控制。

（2）"高度"用于控制圆柱体的高度。数值越大，圆柱体越高。当高度为0时，圆柱体将被压缩为一个平面。

（3）"高度分段"用于对圆柱体进行分段。可通过设置"光影着色（线条）"展现出分段线条，在操作视窗菜单栏中选择"显示>光影着色（线条）"命令就可以实现。

（4）"旋转分段"用于设置圆柱体的棱数量，"旋转分段"值越大，棱数量越多，更趋近于圆，"旋转分段"最小值为3，当圆柱体的"旋转分段"值为3时，其形态为三棱柱。

（5）"方向"用于设定圆柱体的朝向，有"+X""-X""+Y""-Y""+Z""-Z"这6个朝向选项，默认为"+Y"。

2.1.4　平面

在菜单栏中选择"创建>网格>平面"命令，如图2-24所示，即可在操作视窗中获得一个平面初始模型。或在工具栏中按住"立方体"图标并拖动鼠标，在其下拉列表中选择"平面"选项，如图2-25所示。

图2-24　　　　　　　　　　　图2-25

除了"基本""坐标""平滑着色（Phong）"这3个基础选项卡外，在属性管理器中，还有"对象"选项卡，相关属性介绍如下。

（1）"宽度分段"即将平面沿宽度方向进行分段。

（2）"高度分段"即将平面沿高度方向进行分段。

（3）"方向"用于设定平面的朝向，有"+X""-X""+Y""-Y""+Z""-Z"这6个选项，默认为"+Y"。

2.1.5　球体

在菜单栏中选择"创建>网格>球体"命令，如图2-26所示，即可在操作视窗中创建球体初始模型。或在工具栏中按住"立方体"图标并拖动鼠标，在其下拉列表中选择"球体"选项，如图2-27所示。

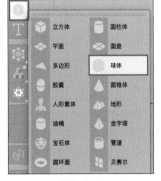

图2-26　　　　　　　　　　　图2-27

除了"基本""坐标""平滑着色（Phong）"这3个基础选项卡外，在属性管理器中，还有"对象"选项卡，相关属性介绍如下。

（1）"半径"指球体的半径。通过输入数值或利用坐标轴操纵点来控制球体半径大小。

（2）"分段"指对球体的表面进行分段。分段数量越多，球体表面则越平滑。

（3）"类型"是指球体的布线类型，有"标准""四面体""六面体""八面体""二十面体""半球体"共6种类型。不同类型下的布线排列方式不同，在"标准"类型下，球体中间呈四边形，球体两极呈三角形，如图2-28所示。"四面体"类型的球从三棱锥演化而来，其布线均为三角形，如图2-29所示。"六面体"类型的球从立方体演化而来，其布线均为四边形，如图2-30所示。"八面体"类型的球从正八面体演化而来，其布线均为三角形，但相较于"四面体"，其布线更加均匀，如图2-31所示。"二十面体"的布线均为三角形，较"八面体"而言更加均匀，如图2-32所示。"半球体"类型的布线方式等同于"标准"类型，但只截取球体的一半，无封底，如图2-33所示。

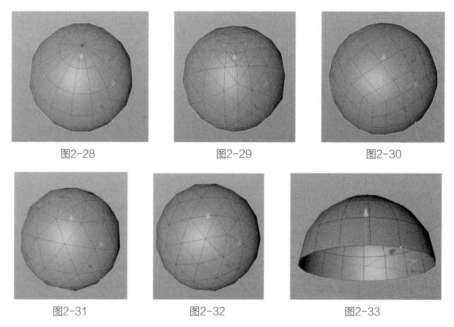

图2-28　　　　　图2-29　　　　　图2-30

图2-31　　　　　图2-32　　　　　图2-33

（4）"理想渲染"用于在分段数较低的情况下将模型视为一个光滑的球，"类型"为"半球体"时，无"理想渲染"选项。

2.1.6　地形

在菜单栏中选择"创建>网格>地形"命令，如图2-34所示，即可在操作视窗中创建地形初始模型。或在工具栏中按住"立方体"图标并拖动，在其下拉列表中选择"地形"选项，如图2-35所示。

在属性管理器面板中，除了"基本""坐标""平滑着色（Phong）"这3个基础选项卡外，还有"对象"选项卡，如图2-36所示。

（1）"尺寸"用于控制地形大小，3个数值分别对应宽、高、长。

（2）"多重不规则"用于为地形创建不同的褶皱效果。

（3）"随机"可以为地形变化提供不同"种子"作为变化的参考，从而影响地形的皱褶效果。"种子"可以理解为一串已生成的参数，虽然这串参数是固定的，但是由于"种子"的数量庞大，所以会使地形出现多种多样的变换效果。

（4）"限于海平面"用于决定地形边界的起始位置是否从海平面开始。

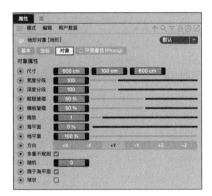

图2-34　　　　　　　　　图2-35　　　　　　　　　　　图2-36

（5）"球状"用于将地形球化，如图2-37所示。

在上述调节属性中，地形的长、宽、高也可在操作视窗中利用坐标上的操控点进行控制，如图2-38所示。

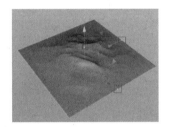

图2-37　　　　　　　　　　图2-38

2.1.7　实战案例：几何体场景搭建

本案例将用一些简单的几何体打造一个卡通小场景，帮助读者了解基础操作，了解多边形模型在建模过程中所起到的作用，进而能够在之后的建模过程中充分利用现有的多边形模型进行创作，提高效率。本案例效果如图2-39所示。

图2-39

资源位置	
素材文件	素材文件>CH02>2 案例：几何体场景搭建
实例文件	实例文件>CH02>2 案例：几何体场景搭建.c4d
技能掌握	掌握Cinema 4D中的多边形模型创建方法

微课视频

操作步骤

1. 创建房屋底座

（1）创建立方体。在工具栏中单击"立方体"图标 ，如图2-40所示，在操作视窗中创建立方体。

（2）设置立方体属性。单击创建的立方体，属性面板中将会显示立方体的各项属性。打开属性面板中的"对象"选项卡，将"对象属性"中的"尺寸.X"设置为250cm，"尺寸.Y"设置为100cm，"尺寸.Z"设置为250cm，如图2-41所示。

（3）勾选"圆角"复选框，将"圆角半径"设置为5cm，"圆角细分"设置为4，如图2-42所示。

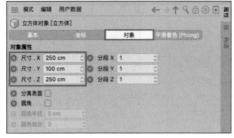
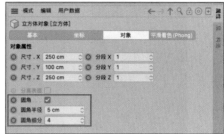

图2-40 　　　　　　　　　　图2-41 　　　　　　　　　　　　图2-42

2. 创建房屋台阶

（1）创建立方体。单击工具栏中的"立方体"图标，如图2-43所示，在操作视窗中创建一个立方体。

（2）修改立方体属性。单击新建的立方体，进入其属性面板。将立方体"对象属性"中的"尺寸.X"设置为40cm，"尺寸.Y"设置为100cm，"尺寸.Z"设置为75cm，"分段X"设置为1，"分段Y"设置为3，"分段Z"设置为1，如图2-44所示。

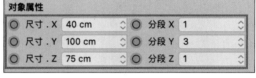

图2-43 　　　　　　　　　　　　　图2-44

（3）调整立方体位置。单击"切换视图"图标进入四视图，如图2-45所示。利用四视图调整立方体在操作视窗中的位置，调整位置后的效果如图2-46所示。

（4）打开"光影着色（线条）"功能。在操作视窗菜单栏中选择"显示>光影着色（线条）"命令，如图2-47所示。打开"光影着色（线条）"功能的目的是使软件显示多边形模型对象的分段线条。

（5）将立方体转化为可编辑对象。单击立方体模型，再单击视图右方工具栏中的"转为可编辑对象"图标（快捷键为"C"），如图2-48所示，立方体将被转化为可编辑对象。当立方体转化为可编辑对象后，用户就可以对多边形模型的点、线、面进行单独控制了。

图2-45 　　　　　　图2-46 　　　　　　图2-47 　　　　　　图2-48

（6）挤压立方体模型的面使其呈阶梯状。在顶部工具栏中，单击"面"图标进入"面模式"，如图2-49所示。单击多边形模型，选择需要挤压的面，按住"Shift"键的同时单击模型的面可加选该面，如图2-50所示。按"D"键选择"挤压"工具，拖动鼠标即可

图2-49

使物体表面挤压出厚度。在属性管理器中，将"挤压"工具的"偏移"属性设置为30cm，如图2-51所示。再次选中最底层的面并挤压，使多边形模型呈阶梯状，如图2-52所示。

 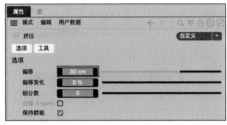 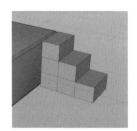

图2-50   图2-51   图2-52

3. 创建墙边轮胎

（1）创建管道模型。在工具栏中的"立方体"图标上按住鼠标左键，在其下拉列表中选择"管道"选项，创建管道模型，如图2-53所示。

（2）旋转管道模型。单击创建的管道模型，单击工具栏中的"旋转工具"图标，如图2-54所示。拖动模型周边生成的圆环即可使模型旋转，如图2-55所示。拖动时按住"Shift"键，则以5°为1个单位进行旋转，实现精细调整。

（3）调整管道模型的大小和位置。单击管道模型后进入其属性管理器，将"内部半径"设置为16cm，"外部半径"设置为32cm，"旋转分段"设置为24，"高度"设置为20cm，如图2-56所示。最后，将管道模型移动到图2-57所示的位置。

（4）复制管道模型。单击"移动工具"图标，如图2-58所示。按住"Ctrl/Cmd"键并拖动管道模型上生成的箭头，以实现快速复制，如图2-59所示。

图2-53

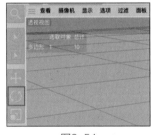 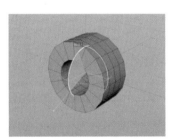 

图2-54   图2-55   图2-56

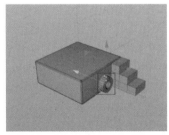 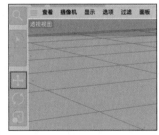 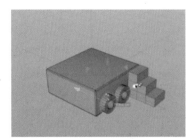

图2-57   图2-58   图2-59

4. 重命名模型对象

方法1：在对象管理器中，双击对象名称即可给模型对象重新命名，如图2-60所示。

　　方法2：在对象管理器中，右击要重命名的对象，打开属性管理器中的"基本"选项卡，在"名称"处给模型对象重新命名，如图2-61所示。重命名模型对象的结果如图2-62所示。

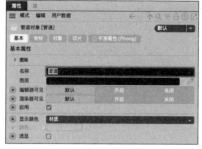

| 图2-60 | 图2-61 | 图2-62 |

5. 创建二楼立方体

（1）利用复制管道模型的方法复制底部的立方体，如图2-63所示。打开属性管理器的"坐标"选项卡，将"P.Y"设置为100cm，如图2-64所示。

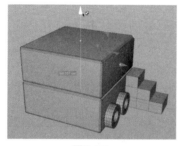

| 图2-63 | 图2-64 |

　　（2）调整立方体大小。单击立方体进入属性管理器，打开"对象"选项卡，将"尺寸.X/Y/Z"均设置为100cm，如图2-65所示。

　　（3）将该立方体重命名为"二楼立方体"，以便区分各部分模型，如图2-66所示。

　　（4）调整"二楼立方体"的位置。进入四视图界面，调整二楼立方体的位置，使得其顶视图如图2-67所示。

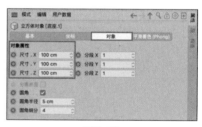

图2-65

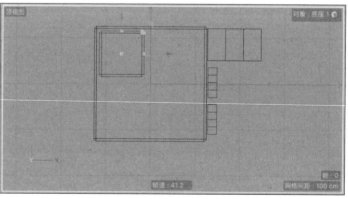

| 图2-66 | 图2-67 |

6. 创建圆柱体

（1）创建圆柱体。在工具栏中，按住"立方体"图标 🔳 并拖动鼠标，在其下拉列表中选择"圆柱体"选项，如图2-68所示。

（2）调整圆柱体参数。单击创建的圆柱体，进入属性管理器，打开"对象"选项卡，将"半径"设置为15cm，"高度"设置为100cm，"旋转分段"设置为16，如图2-69所示。

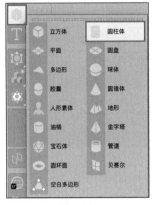

图2-68 　　　　　　　　　　　　　　　　　　图2-69

（3）复制圆柱体，并调整圆柱体的位置，调整后圆柱体的位置如图2-70所示。

（4）重命名圆柱体。对2个圆柱体进行重命名操作，分别命名为"柱子"和"柱子2"，如图2-71所示。

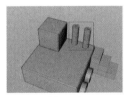

图2-70 　　　　　　　　　　　　　　图2-71

7. 创建半球体

（1）创建球体。在工具栏中，按住"立方体"图标 🔳 并拖动鼠标，在其下拉列表中选择"球体"选项，如图2-72所示。

（2）将球体转化为半球体。单击创建的球体，进入属性管理器，打开"对象"选项卡，将"类型"设置为"半球体"，如图2-73所示。

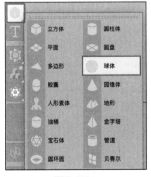

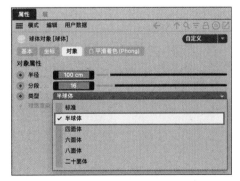

图2-72 　　　　　　　　　　　　　　图2-73

8. 完善场景搭建

根据以上操作步骤，完成场景剩余部分的搭建，最终的场景效果如图2-74所示。

（1）创建地板。在右侧工具栏中，按住"天空"图标 并拖动鼠标，在打开的下拉列表中选择"地板"选项，即可创建地板，如图2-75所示。

（2）调整地板位置。单击创建的地板，进入属性管理器，打开"坐标"选项卡，将"P.Y"设置为-50cm，最终效果如图2-76所示。

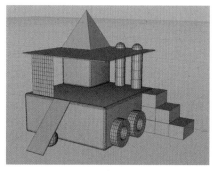
图2-74

图2-75

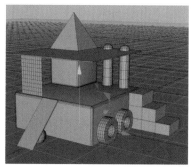
图2-76

9. 为模型添加细分曲面

（1）创建细分曲面。在工具栏中单击"细分曲面"图标 ，如图2-77所示，生成细分曲面的生成器。

（2）为模型添加细分曲面（以台阶模型为例）。在对象管理器中，按住台阶模型并将其拖曳到创建的细分曲面中，当鼠标指针发生变化时松开鼠标，台阶模型变为细分曲面的子级，如图2-78所示。台阶模型效果如图2-79所示。

图2-77

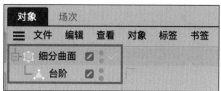
图2-78

图2-79

（3）调整细分曲面。观察台阶效果可以发现，台阶表面边缘过渡已经变得非常平滑，但是平滑程度过大，破坏了台阶的整体结构。此时，我们可以为台阶添加线，以此来减弱边缘过渡的平滑效果。单击顶部工具栏的"边"选项进入"边模式"，如图2-80所示。输入"K~L"开启"循环切割"。单击台阶模型，在台阶转角处进行切割，以使转角处的细分效果减弱，如图2-81所示。各边切割完成后效果如图2-82所示。

（4）为其他模型添加细分曲面。对台阶模型细分的方法同样可以应用于轮胎等多个部分，以统一模型的风格。用户可以根据自己的喜好对模型进行调整。建模完成后的最终效果如图2-83所示。

图2-80

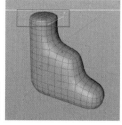
图2-81

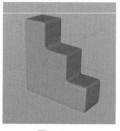
图2-82

图2-83

2.2 样条建模

在样条建模板块中，包含"挤压""旋转""放样""扫描"4个工具，用于将样条转化为三维实体。

在正式了解这4个工具之前，要先了解什么是样条。简单来说，样条就是路径或曲线，样条在属性管理器中同样有"基本""坐标""平滑着色（Phong）"三大基础选项卡。

创建样条。在菜单栏中选择"创建>样条"命令，在其子菜单中选择所需要的样条类型，如图2-84所示，即可在操作视窗中创建初始样条。按住工具栏中的"矩形"图标 □，并在其下拉列表中选择所需要的样条类型，松开鼠标，如图2-85所示，即可创建对应的样条。除了可以使用Cinema 4D中自带的样条以外，用户还可以通过钢笔工具自行绘制需要的特殊形状样条，例如使用"样条画笔"工具绘制需要的样条。

图2-84

图2-85

首先，为了能够更方便地绘制样条，可以先将视图切换为二维视图。在菜单栏中打开"面板"菜单，从中选择合适的视图；或者单击视窗右上角"全部视图"图标进行视图切换；也可单击鼠标滚轮切换到全部视图，进而切换到合适的视图；又或者利用快捷键"F1""F2""F3""F4""F5"切换到合适的视图。

在菜单栏中选择"样条>样条画笔"命令，在属性面板中可以看到默认类型为"贝塞尔"，如图2-86所示，此时画笔的绘画模式为贝塞尔曲线模式。如果读者接触过PS或AI等软件，那么对贝塞尔曲线就不会陌生。贝塞尔曲线又称贝兹曲线或贝济埃曲线，由线段与节点组成，可以利用节点位置来控制线段长度以及线段曲率，如图2-87所示。利用画笔单击生成节点时，系统默认生成直线段。按住鼠标左键移动鼠标，则会生成控制点并产生曲线。可以通过调整控制手柄的曲线来对曲线进行调整，曲线首尾相连时结束绘制。如果是不封闭的曲线，可以按"Esc"键结束绘制。

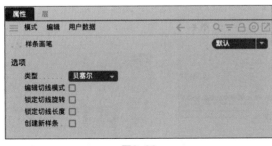

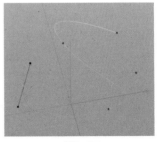

图2-86

图2-87

在绘制过程中，常常需要在直角与曲线之间来回切换，若每次都手动切换，绘图工作量就会增加。在操作视窗中选择需要调整的节点，单击鼠标右键，弹出一个快捷菜单，如图2-88所示，选择"硬相切""软相切"命令可迅速切换直角和曲线。

除了"贝塞尔"类型以外，常用的类型还有"B-样条"。"B-样条"相当于给样条整体加入平滑效果，能将直角平滑地转化为圆角。

了解样条后，便能更容易理解这些创建样条的工具。在工具栏中，单击"样条画笔"图标，打开一个下拉列表，其中黄色部分为样条创建工具，蓝色部分为Cinema 4D自带的样条。

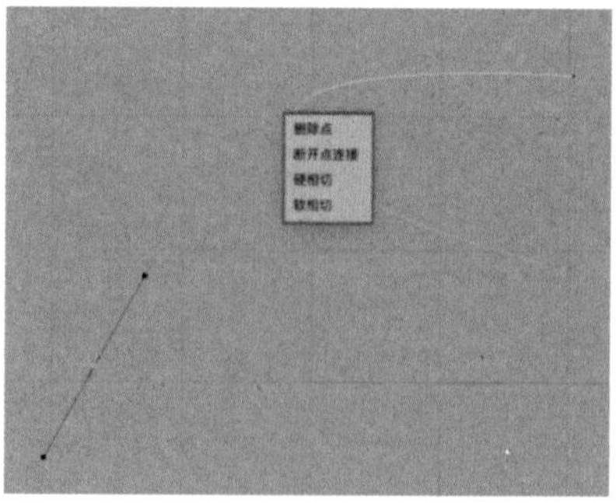

图2-88

2.2.1 挤压

创建"挤压"生成器。在菜单栏中选择"创建>生成器>挤压"命令，如图2-89所示，即可创建"挤压"生成器。或在工具栏中按住"细分曲面"图标并拖动鼠标，在其下拉列表中选择"挤压"选项，如图2-90所示，创建"挤压"生成器。

图2-89

图2-90

在此将以圆形样条为例讲解"挤压"生成器。创建样条，在对象管理器中将样条拖动到"挤压"生成器的子级中，调整属性管理器中的"移动"数值，即可获得挤压效果，如图2-91所示。

在"挤压"生成器的属性管理器中，除了基础的"基本""坐标""平滑着色（Phong）"3个选项卡外，还包含"对象""封盖""选集"选项卡，如图2-92所示。

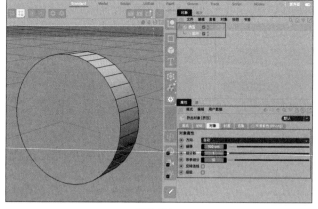

图2-91

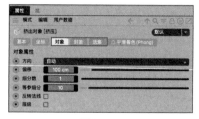

图2-92

"对象"选项卡主要用于对"挤压"生成器的"偏移""细分数""等参细分""反转法线""层级"等属性进行参数调整。

（1）移动可使所选对象沿x、y、z三轴挤压，例如：设置"x"数值为"1"，此时数值为正数，则向x的正方向挤压。同理，若数值为负，如"-1"，则为负方向挤压。"偏移"用于调整挤压效果的方向，分别对应x、y、z轴方向。

（2）"细分数"用于调整挤压部分的分段数。

（3）"等参细分"用于分段调整挤压部分的等参线。

（4）"层级"用于控制是否挤压样条对象及其子级。当被挤压的样条对象包含子级，且未勾选"层级"复选框时，仅挤压父级样条。若勾选"层级"复选框，子级样条就会有和父级样条同样的挤压效果。该功能常用于导入其他路径文件，且路径文件包含多个样条，此时若勾选"层级"复选框，则可使导入的文件整体受到挤压。

"封盖"选项卡主要用于对"挤压"生成器的封盖与否、倒角类型、倒角尺寸等属性进行参数调整。

（1）"起点/终点封盖"用于控制是否对挤压两端进行封盖，可以选择仅封盖起/终点部分或封盖两端，如图2-93所示。

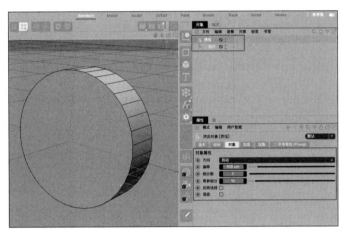

图2-93

（2）"独立斜角控制"用于控制在进行倒角时，是否对物体的两端分别进行倒角，若未勾选该复选框，则两端同时赋予相同倒角。

（3）"倒角外形"用于选择倒角类型，包含"圆角""曲线""实体""步幅"4种。

（4）"尺寸"用于设置倒角尺寸，如图2-94所示。

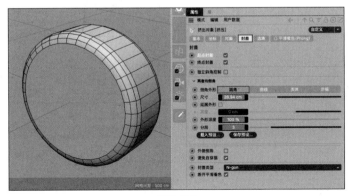

图2-94

（5）"延展外形"用于在挤压起点和终点的位置延伸外形，其中"高度"的取值范围是−100cm～100cm，这意味着挤压起点和终点不仅能够向外延伸，也能够向内凹陷。

（6）"外形深度"和"分段"用于设置倒角的外形深度和分段数量。"外形深度"的取值范围是−100%～100%。倒角形态可以是向内凹陷的，也可以是向外延伸的，分段数值越大，倒角曲线越平滑。

（7）"外侧倒角"用于将倒角范围放在样条外侧，使倒角尺寸不会影响到起点和终点的尺寸大小。

（8）"避免自穿插"用于避免倒角与模型发生穿插。

（9）"封盖类型"用于设置封盖的布线类型，分为"三角形""四边形""N-gon""Denaunay""常规网格"5种。"三角形"是在封盖上产生三角形布线；"四边形"是在封盖上产生四边形布线；"N-gon"表示不在封盖上产生布线，仅有系统假想线以供计算；"Denaunay"是在封盖上产生三角形网格布线；"常规网格"是在封盖上产生四边形网格布线。

"选集"选项卡主要用于对所选边和面建立选集，以便后续调整。建立"选集"会使对象管理器标签栏中出现对应图标，双击"标签"图标可展示选集。

2.2.2 旋转

创建"旋转"生成器。在菜单栏中选择"创建>生成器>旋转"命令，如图2-95所示，即可获得"旋转"生成器。在工具栏中按住"细分曲面"图标 并拖动鼠标，在其下拉列表中选择"旋转"选项，也可创建"旋转"生成器。

在此以圆环样条为例讲解"旋转"生成器。创建样条后，在对象管理器中将样条拖动到"旋转"生成器的子级中，即可获得旋转效果，如图2-96所示。

在"旋转"的属性管理器中，除了基础的"基本""坐标""平滑着色（Phong）"3个选项卡外，还包含"对象""封盖""选集"选项卡，如图2-97所示。

"对象"选项卡主要用于对"旋转"生成器的"角度""细分数""网格细分""移动""比例"等属性进行参数调整。

（1）"角度"指"旋转"生成器对样条进行旋转生成的旋转模型的终点角度。

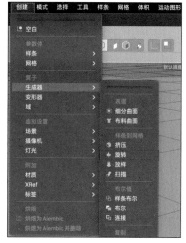

图2-95

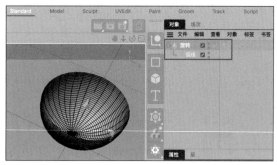

图2-96

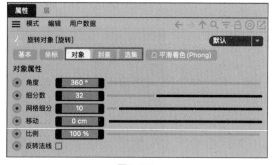

图2-97

（2）"细分数"指旋转模型的分段数量。细分数越高，旋转越平滑。

（3）"网格细分"可对旋转模型的等参线分段数进行设置。

（4）"移动"用于设置旋转终点与旋转起点原样条之间的距离，仅沿y轴移动。

（5）"比例"用于设置旋转终点较旋转起点原样条的比例大小，默认为100%。

2.2.3　放样

"放样"可以用于多个样条之间的连接，即按照子级中的样条顺序将样条连接起来。

创建"放样"生成器。在菜单栏中选择"创建>生成器>放样"命令，如图2-98所示，即可获得"放样"生成器。或在工具栏中按住"细分曲面"图标并移动鼠标，在其下拉列表中选择"放样"选项，如图2-99所示。

图2-98　　　　　　　　　　　　图2-99

在此以圆环样条为例讲解"放样"生成器。创建圆环样条，再创建矩形样条，在对象管理器中将创建的两个样条拖动到"放样"生成器的子级中，即可获得放样效果，如图2-100所示。

在属性管理器中，除了3个基础选项卡外，还有另外3个选项卡，它们分别是"对象""封盖""选集"，如图2-101所示。

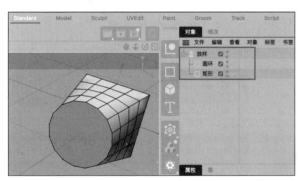
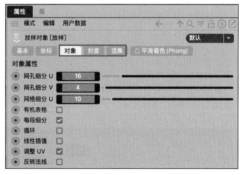

图2-100　　　　　　　　　　　　图2-101

"对象"选项卡主要用于对"放样"生成器的"网孔细分U""网孔细分V""网格细分U"等属性进行参数调整。

（1）"网孔细分U/V"用于分别在模型U/V方向上添加分段线，分段数越高，模型表面过渡越平滑。

（2）"网格细分U"用于设置生成模型的等参线分段数。

（3）"每段细分"用于增加放样模型的分段数量，从而进行细分处理。

（4）"循环"用于使放样结果首尾相连，从而循环进行放样操作。

（5）"线性插值"用于使放样生成的模型具有线性特点，忽略平滑过渡。

▌2.2.4 扫描

扫描是将样条A扫描在样条B上,其中放入"扫描"生成器的样条顺序决定了是A扫描在B上还是B扫描在A上,这个顺序尤其需要注意。

创建扫描工具。在菜单栏中选择"创建>生成器>扫描"命令,如图2-102所示,即可获得"扫描"生成器。或在工具栏中按住"细分曲面"图标 ● 并拖动鼠标,在其下拉列表中选择"扫描"选项,如图2-103所示。

图2-102

图2-103

在此以圆环样条为例讲解"扫描"生成器。创建圆环样条,再创建圆弧样条,在对象管理器中将创建的两个样条拖动到"扫描"生成器的子级中,即可获得扫描效果,如图2-104所示。

在属性管理器中,除了基础的3个选项卡外,还包含了另外3个选项卡,即"对象""封盖""选集",如图2-105所示。

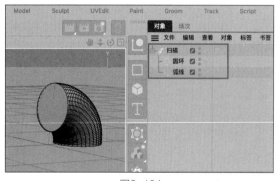

图2-104

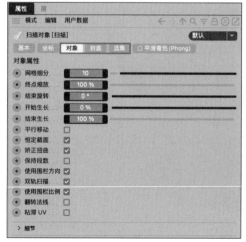

图2-105

"对象"选项卡主要用于对"扫描"生成器的"网格细分""终点缩放""结束旋转""开始生长""结束生长"等属性进行参数调整。

（1）"网格细分"用于对生成模型的等参线分段数进行设置。

（2）"终点缩放"用于改变扫描终点样条的大小。

（3）"结束旋转"用于改变扫描终点样条的旋转角度。

（4）"开始生长"用于设置扫描起始位置，默认为0%。

（5）"结束生长"用于设置扫描结束位置，默认为100%。

（6）"平行移动"用于控制是否将两个样条处理为一个平面的结果，勾选此复选框后，将使两个样条在平面上进行扫描。

（7）"矫正扭曲"用于将扫描生成的模型弯曲的布线排列得更加均匀。

2.2.5　实战案例：利用样条建模搭建场景

样条建模主要依赖于样条建模工具：如"挤压""旋转""放样""扫描"等。根据样条的变化，搭配使用不同的生成器，从而得到千变万化的效果。本案例将用样条建模搭建场景，最终效果如图2-106所示。

图2-106

资源位置

素材文件	素材文件>CH02>3 案例：利用样条建模搭建场景
实例文件	实例文件>CH02>3 案例：利用样条建模搭建场景.c4d
技能掌握	掌握Cinema 4D中创建样条模型的方法

微课视频

操作步骤

1. 样条文字建模

（1）创建"文本样条"生成器。在工具栏中，按住"矩形"图标▢并移动鼠标，会弹出下拉列表，如图2-107所示，从中可选择所需要的样条类型。也可直接单击"文本样条"图标Ｔ，创建文本样条，或选择其下拉列表中的"文本样条"选项，如图2-108所示。

（2）输入文本。在对象管理器中，单击"文本样条"生成器，使属性管理器中出现文本样条属性。在属性管理器中，打开"对象"选项卡，在"文本样条"输入框中输入"C4D"，如图2-109所示。

图2-107

图2-108

图2-109

（3）调节文本属性。用户可在"文本样条"输入框下方对其字体等属性进行设置，如图2-110所示。更改字体后，效果如图2-111所示。

图2-110

图2-111

（4）将文本样条转化为模型。此时文本作为样条形式存在，需要将样条对象转化为模型对象。按住"细分曲面"图标 并拖动鼠标，在其下拉列表中选择"挤压"选项，如图2-112所示。在对象管理器中，将文本样条作为挤压工具的子级，如图2-113所示。此时文本样条具有了一定的厚度，以模型形式存在，如图2-114所示。

图2-112

图2-113

图2-114

（5）调节挤压参数。单击挤压工具，其属性管理器中将会显示对应属性。其中"对象"选项卡下的"移动"数值可以控制挤压的方向和厚度。将挤压厚度设置为40cm，将获得文本样条的字体模型，如图2-115所示。

2. 样条底座建模

（1）隐藏文字模型。为了方便后续绘制操作，此处先将文字模型隐藏。在对象管理器中，单击"文本样条"后的"√"，使其转化为"×"，即可暂时隐藏，如图2-116所示。

（2）绘制底座样条。在菜单栏中选择"样条>样条画笔"命令，如图2-117所示。单击视图窗口右上角 图标或单击鼠标滚轮进入四视图，如图2-118所示。在右视图中用样条画笔绘制曲线，按"Esc"键结束绘制，如图2-119所示。

图2-115

图2-116

图2-117

图2-118

（3）创建"旋转"生成器。将视图切换回透视视图。在工具栏中，按住"细分曲面"图标 并拖动鼠标，在其下拉列表中选择"旋转"选项，如图2-120所示。

（4）利用旋转工具生成底座模型。将创建的样条拖入"旋转"生成器的子级中，如图2-121所示。样条将围绕旋转中心进行旋转，生成模型，如图2-122所示。双击"旋转"，或者右击，在弹出的快捷菜单中选择"重命名"命令，将"旋转"重命名为"底座"，如图2-123所示。

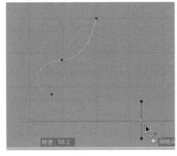

图2-119

图2-120

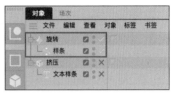

图2-121

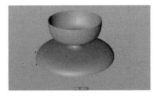

图2-122

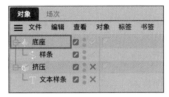

图2-123

3. 样条上底座建模

（1）创建圆柱体。在工具栏中，按住"立方体"图标并拖动鼠标，在其下拉列表中选择"圆柱体"选项，即可创建圆柱体模型。单击创建的圆柱体，在属性管理器中调节其参数，如图2-124所示。

（2）复制底座并调整其位置。选中"底座"，在工具栏中选择"旋转"工具。按住"Cmd/Ctrl"键进行旋转，可使底座快速复制。此时按住"Shift"键，模型将以5°为1个单位进行旋转，将模型旋转180°，如图2-125所示。将旋转后的模型上移，如图2-126所示，将其名称修改为"上底座"。

图2-124

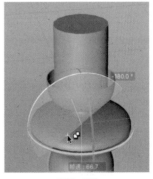

图2-125

（3）调整上底座。进入"三视图"，在工具栏中选择"样条画笔"工具，再单击对象管理器中"上底座"旋转工具的子级"样条"，在右视图中对上底座进行细微的调整，与底座区别开来，如图2-127所示。

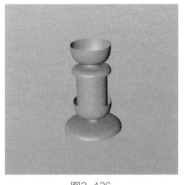

图2-126

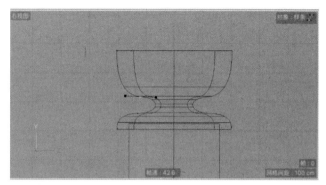

图2-127

4. 样条文字描边建模

（1）显示文字并复制文字样条。在对象管理器中，单击"文本样条"后的"×"，将其转化为"√"，如图2-128所示，文字便会重新显示在视窗中。按住"Ctrl/Cmd"键拖曳文本样条到对象管理器空白处，即可快速复制文本样条，如图2-129所示。

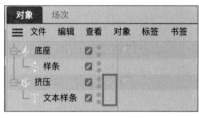

图2-128

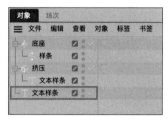

图2-129

（2）创建圆环。在工具栏中，按住"矩形"图标□并拖动鼠标，在其下拉列表中选择"圆环"选项，如图2-130所示，即可创建"圆环"样条。选择对象管理器中的"圆环"选项，再在工具栏中选择"缩放"工具，在操作视窗空白处按住鼠标左键不放并拖动，圆环样条的半径将会随着鼠标的移动而改变，此时需要适当缩小圆环，或在属性管理器中将其"半径"值设置为5cm，如图2-131所示。

（3）创建"扫描"生成器。在工具栏中按住"细分曲面"图标并拖动鼠标，在其下拉列表中选择"扫描"选项，如图2-132所示，即可创建"扫描"生成器。

图2-130

图2-131

图2-132

（4）将圆环样条沿文字样条扫描。在对象管理器中，将"文本样条"与"圆环"拖入"扫描"的子级中。注意放置顺序，"圆环"应处于"文本样条"上方，如图2-133所示。"圆环"围绕"文本样条"进行扫描，生成类似描边的效果，如图2-134所示。

图2-133　　　　　　　　　　　　　　　　图2-134

（5）将"扫描"重命名为"文字描边"，将"挤压"重命名为"文字"。将"文字描边"与"文字"创建为一个组，同时选中"文字描边"与"文字"后，按快捷键"Option/Alt+G"即可创建为组，组的默认名为"空白"，将"空白"重命名为"文字整体"，如图2-135所示。

图2-135

（6）为"文字整体"设置包裹效果。在工具栏中按住"弯曲"图标 并拖动鼠标，在其下拉列表中选择"包裹"选项，如图2-136所示。将"包裹"与"文字整体"另建为一个组，如图2-137所示。

在属性管理器中，打开包裹效果的"对象"选项卡，调整其"对象属性"参数，如图2-138所示。

（7）调整"文字整体"的位置。将"文字整体"移动至图2-139所示的位置。

图2-136　　　　　图2-137　　　　　　　图2-138　　　　　　　图2-139

5. 顶部装饰建模

（1）新建球体。在工具栏中，按住"立方体"图标 并拖动鼠标，在其下拉列表中选择"球体"选项，创建球体。在属性管理器中调整其参数，将"半径"设置为100cm、"分段"设置为24，如图2-140所示。

（2）创建"膨胀"效果器。在工具栏中按住"弯曲"图标 并拖动鼠标，在其下拉列表中选择"膨胀"选项，如图2-141所示。

（3）将"膨胀"与"球体"关联。按住"膨胀"并拖动到"球体"的子级中，如图2-142所示。将"球体"移动并缩放至图2-143所示的位置。单击"膨胀"并进入属性管理器，单击"匹配到父级"按钮，如图2-144所示。

图2-140

图2-141

图2-142

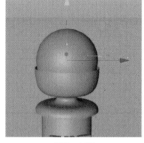

图2-143

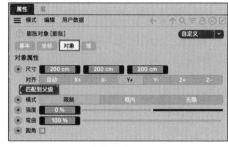

图2-144

（4）调整膨胀参数和效果位置。在对象属性中将"强度"参数设置为-90%，如图2-145所示。使用移动工具调整膨胀效果位置，如图2-146所示。

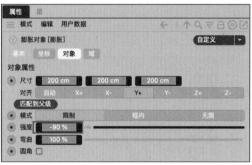

图2-145

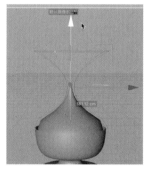

图2-146

6. 样条飘带建模

（1）绘制飘带路径样条。单击鼠标滚轮进入三视图，在菜单栏中选择"样条>样条画笔"命令，绘制环绕模型的飘带路径样条，分别在顶视图与正视图中调整其位置。顶视图位置如图2-147所示，正视图位置如图2-148所示。

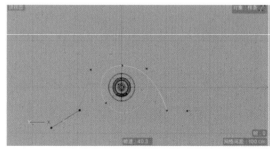

图2-147

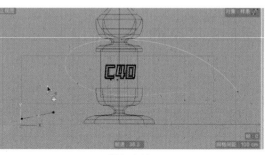

图2-148

（2）创建矩形。在工具栏中选择"矩形"工具，如图2-149所示。

（3）调节矩形参数。选中创建的矩形，在属性管理器中，将对象属性的"宽度"设置为1cm、"高度"设置为100cm，如图2-150所示。

（4）创建飘带。在工具栏中按住"细分曲面"图标并拖动鼠标，在其下拉列表中选择"扫描"选项。在对象管理器中，将"样条""矩形"均设置为"扫描"的子级，且"矩形"处于"样条"上方，如图2-151所示。最后得到一个类似飘带的模型，如图2-152所示。

（5）微调飘带形态。用户可根据喜好自行对飘带形态进行调整。在对象管理器中，选择"样条>样条画笔"工具，进入三视图，对飘带形态进行细微的调整。最终效果如图2-153所示。

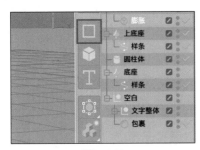
图2-149

图2-150

图2-151

图2-152

图2-153

2.2.6　多边形建模主要工具介绍

多边形建模需要利用一系列工具，选择合适的工具可以使得模型搭建事半功倍。

1．倒角工具

"倒角"用于对多边形进行倒角操作，改变模型结构，从而使多边形模型的过渡层次更加丰富，更有质感。

在对多边形对象进行倒角操作之前，需要将多边形模型转化为可编辑对象，再进入"边"模式。选择需要倒角的边，单击鼠标右键，出现多边形模型编辑工具菜单，在菜单中选择"倒角"即可使用倒角工具，快捷键为"M~S"，如图2-154所示。选择倒角工具后，在操作视窗空白处按住鼠标左键并拖曳鼠标，即可完成倒角操作。倒角的大小由鼠标拖曳距离决定，如图2-155所示。

将多边形模型转化为可编辑对象并进入"点"模式，选择需要进行倒角的点，倒角会在此点上形成新的面，此项操作常用于拓展多边形结构，如图2-156所示。

将多边形模型转化为可编辑对象并进入"面"模式，选择需要进行倒角的面，倒角会在此面上形成新的体积，类似于收缩挤压效果，如图2-157所示。

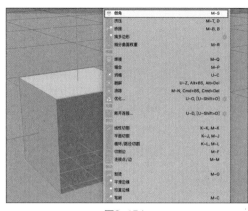
图2-154

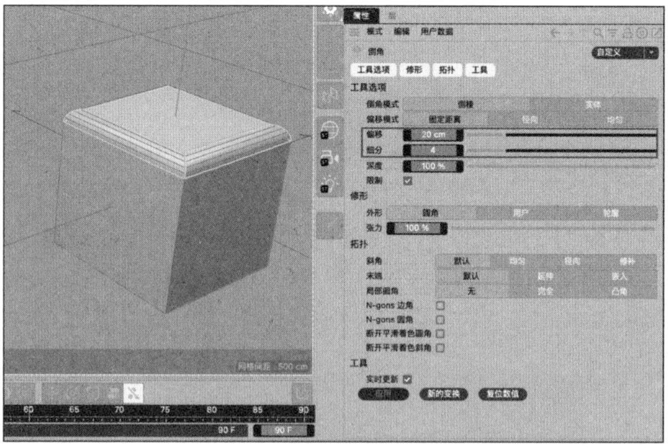

图2-155

在倒角属性面板中，可以在工具栏中调整"倒角模式"与"偏移模式"。其中"细分"可以对倒角的分段数进行调整，分段数量越大，倒角越平滑。"深度"可以控制圆角倒角的拱型结构，深度大于0时，默认为外凸型圆角倒角结构，深度小于0时，为内凹型圆角倒角结构。

在"修形"选项组中，可对倒角类型进行修改，默认类型为圆角。除此之外，用户还可对倒角类型进行自定义。

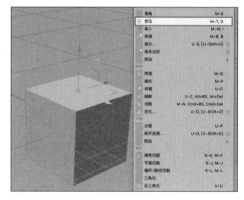
图2-156　　　　　　图2-157

2. 挤压工具

挤压工具用于对面进行挤压，在面的法线方向上挤压出具有厚度的模型，从而在原有的多边形结构上添加模型体积。创建多边形模型，将其转化为可编辑对象并进入"面"模式，选择需要进行挤压的面，单击鼠标右键，在弹出的快捷菜单中选择"挤压"命令，快捷键为"M～T,D"，如图2-158所示。在操作视窗空白处按住鼠标左键左右拖动，即可获得该平面的挤压效果，如图2-159所示。之后可以在属性面板中对"偏移"参数进行调整，当"偏移"参数为正时，挤压沿法线正方向；当"偏移"参数为负时，挤压沿法线负方向。

图2-158

在对没有体积厚度的模型进行挤压时，常规挤压后模型的背面会产生凹陷，如图2-160所示。在属性面板中勾选"创建封顶"复选框，即可将其多边形孔洞封闭。

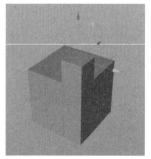
图2-159

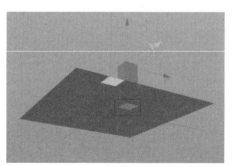
图2-160

3. 创建点工具

创建点工具用于在模型上创建点元素。点元素可以依附于边或面，保证除了多边形模型基础的点外，还能有更大的调整空间，以便对模型的结构进行调整。创建多边形模型，将其转化为可编辑对象并进入"边"模式。单击鼠标右键，在弹出的快捷菜单中选择"创建点"命令，快捷键为"M～A"，如图2-161所示。在需要创建点的位置单击，即可完成点的创建，如图2-162所示。在属性面板中修改"边位置"，即可对点在该边上的位置进行调整，其百分比对应该点左右临近两端内的范围。在"面"上亦可完成点的创建。

若勾选"创建三/四边形"复选框，可获得具有三/四边形的面结构，如图2-163所示。属性面板中还会显示该点的坐标（处于世界坐标系下），以帮助对点的位置进行精确判断。

图2-161

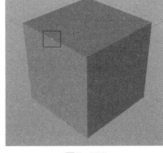
图2-162

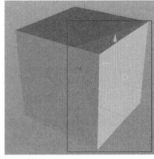
图2-163

4. 焊接工具

焊接工具用于将两点或多点焊接为一个点。除此之外，焊接多边形不同面的点时，多边形模型会产生形变，从而改变结构。创建多边形模型，将其转化为可编辑对象并进入"点"模式。选择需要进行焊接的点，按住"Shift"键可完成多选，单击鼠标右键弹出菜单，选择"焊接"，如图2-164所示，或者使用快捷键"M～Q"，调出焊接工具。可在点之间选择焊接点的位置：中间或端点处。在操作视窗空白部分单击默认在中间处创建焊接点，如图2-165所示。若选择物体的端点，则可在端点处完成焊接操作。

图2-164

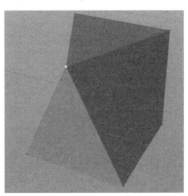
图2-165

5. 滑动工具

滑动工具用于对模型的点和边进行移动，使多边形对象产生形变。创建多边形模型，将其转化为可编辑对象并进入"点/边"模式。单击鼠标右键，在弹出的快捷菜单中选择"滑动"命令，如图2-166所示，或者使用快捷键"M～O"。对于"点"，需按住鼠标左键沿其所在边方向拖动以改变点的位置，如图2-167所示。对于"边"，则按住鼠标左键拖动即可，如图2-168所示。

在属性面板中，可以通过调节"偏移"和"缩放"的值来改变对象所在位置，如图2-169所示。若想保留滑动对象的原始位置，可以勾选"克隆"复选框，如图2-170所示，使得移动部分为克隆对象，以保留原始位置的点/边。

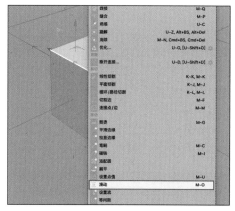

图2-166

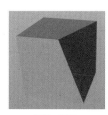

图2-167

图2-168

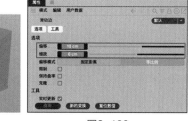

图2-169

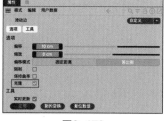

图2-170

6. 循环选择工具

循环选择工具用于环形选择多边形模型中的点、边和面元素。创建多边形模型，将其转化为可编辑对象并进入"边"模式。在菜单栏中选择"选择>循环选择"命令，快捷键为"U～L"，如图2-171所示。单击选择对应元素，其循环所包含的元素将会被全部选中，如图2-172所示。

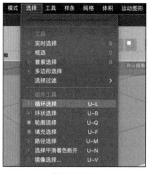

图2-171

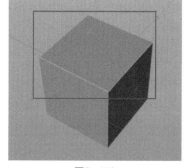

图2-172

2.2.7 生成器

生成器的作用是利用现有的对象，生成新的对象。生成器的颜色均为绿色图标，需要将现有对象放入生成器的子级中，生成器才得以生效。

1. 细分曲面

"细分曲面"生成器能够使模型外形变得更加圆滑。为"立方体"添加细分曲面，如图2-173所示。在建模过程中，初步建立的基础模型转折过渡都是十分生硬的，这不利于模型整体形态的表现，尤其是在卡通、孟菲斯等风格中，如图2-174所示。添加细分曲面能够增加模型分段数，同时，能使模型圆滑过渡。圆滑过渡后的模型随着细分数的增加而需要占用更多的计算机资源，所以细分曲面往往作为建模的最后一步添加，以免在建模过程中出现因算力不足而导致计算机崩溃等意外情况。

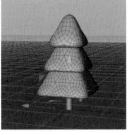

图2-173　　　　　　　　图2-174

在菜单栏中选择"创建>生成器>细分曲面"命令，如图2-175所示。也可在工具栏中单击"细分曲面"图标■完成创建，如图2-176所示。将需要添加效果器的多边形对象拖入其子级，即可使多边形模型获得生成器效果。选择需要添加细分曲面的多边形模型，按住"Option/Alt"键并单击"细分曲面"图标■，即可在创建"细分曲面"生成器的同时，将该多边形对象移入其子级，如图2-177所示。

在属性面板的"对象"选项卡中有两个重要属性，分别是"编辑器细分"与"渲染器细分"，如图2-178所示。

图2-175　　　　　　　图2-176　　　　　　　图2-177

（1）"编辑器细分"用于在视窗编辑器中使用户能够直观地看到多边形对象添加细分曲面后的圆滑效果，细分数越高，模型越为圆滑，对计算机硬件要求越高。

（2）"渲染器细分"可以在渲染过程中对对象进行细分曲面处理，但这种"细分曲面"效果仅在渲染完成后才能观察到。为了节省计算机资源，在操作界面时无法实时显示"细分曲面"的效果，以便保持流畅的用户体验。细分数越高，模型越圆滑。将编辑器细分与渲染器细分区别开，其主要目的是节省计算机工作空间，在建模初期，可以先粗略地细分模型，在最终渲染时再将细分数高的模型渲染出来。

此外，不同分段数的多边形对象在细分曲面中的圆滑程度是不同的。分段数越高的多边形模型的圆滑程度越小，分段数越低的多边形模型的圆滑程度越大。需要模型某些部分尽量减少圆滑效果时，可以利用切割工具赋予模型更多的布线来弱化细分曲面效果，如图2-179所示。

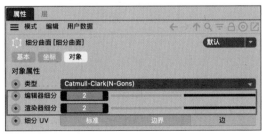
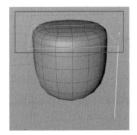

图2-178　　　　　　　　　图2-179

2. 阵列

"阵列"生成器用于快速复制对象，如图2-180所示。

在其属性面板的"对象"选项卡中共有5个参数调节属性，如图2-181所示。

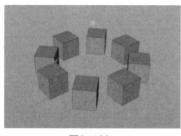

图2-180

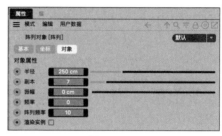

图2-181

（1）"半径"表示快速旋转复制这个圆的半径，半径值越大，所围成的圆也就越大。

（2）"副本"表示复制多边形对象的个数。

（3）"振幅"表示阵列上下浮动的幅度，振幅值越大，上下浮动范围越大。

（4）"频率"表示阵列上下浮动的速度，频率值越大，上下浮动速度越快。

（5）"阵列频率"表示对应各个副本上下浮动的函数频率。

在菜单栏中选择"创建>生成器>阵列"命令，如图2-182所示。也可在工具栏中按住"细分曲面"图标●并拖动鼠标，在其下拉列表中选择"阵列"选项，如图2-183所示。将需要添加效果器的多边形对象拖入其子级，即可使多边形模型获得生成器效果。选择需要添加阵列的多边形模型，按住"Option/Alt"键并单击"阵列"图标，可在创建"阵列"生成器的同时，将该多边形对象移入其子级。

图2-182

图2-183

3. 布尔

"布尔"生成器可以将两个多边形模型通过布尔运算进行结合，从而生成一个新的多边形模型。在对象管理器中，"布尔"生成器的子级中上者为A，下者为B。

（1）"A加B"是将A与B两个多边形模型相加，得到A、B两个模型的组合模型，如图2-184所示。

（2）"A减B"由A模型体积结构减去B模型体积结构，如图2-185所示。

（3）"AB交集"将会得到A与B重叠部分的模型，如图2-186所示。

（4）"AB补集"将会得到A减去AB重叠部分的模型，如图2-187所示。

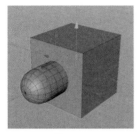

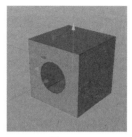

图2-184　　　　　　　　图2-185　　　　　　　　图2-186　　　　　　　　图2-187

在菜单栏中选择"创建>生成器>布尔"命令，如图2-188所示。也可以在工具栏中按住"细分曲面"图标 并拖动鼠标，在其下拉列表中选择"布尔"选项，如图2-189所示，完成创建。将需要添加效果器的多边形对象拖入其子级，即可使多边形模型获得生成器效果。

图2-188　　　　　　　　　　　　　　　图2-189

4．连接

"连接"生成器的作用有两个。一是将多个对象进行连接，相当于把这多个对象视为一个整体，方便应用只能兼容两个以内子级的生成器。二是将多个没有封闭的多边形对象进行连接，从而转化为封闭图形。添加"连接"生成器前，效果如图2-190所示；添加"连接"生成器后，效果如图2-191所示。

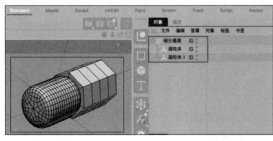
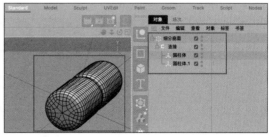

图2-190　　　　　　　　　　　　　　　图2-191

在属性面板的"对象"选项卡中，勾选"焊接"复选框后，即可对多个没有封闭的多边形对象进行连接，使其转化为封闭图形，如图2-192所示。

（1）"公差"用于设定自动识别为封闭的相邻点的距离，公差越大，识别范围越大。

（2）勾选"纹理"复选框后，子级中模型所具有的材质均会被启用。

（3）勾选"居中轴心"复选框后，轴心将会移动到所连接对象的中心。

在菜单栏中选择"创建>生成器>连接"命令，如图2-193所示；或在工具栏中按住"细分曲面"图标•并拖动鼠标，在其下拉列表中选择"连接"选项，如图2-194所示，完成创建。将需要添加效果器的多边形对象拖入其子级，即可使多边形模型获得生成器效果。

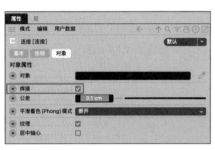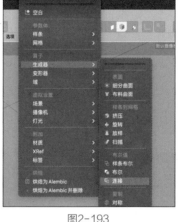

| 图2-192 | 图2-193 | 图2-194 |

5. 对称

"对称"生成器用于创建镜像模型，如图2-195所示。

"对称"生成器以世界坐标轴平面来确定镜像平面，由镜像平面可以获得对应的镜像模型。当改变多边形对象本体时，镜像模型也会跟随本体的改变而改变。在其属性面板中主要需要对"镜像平面"进行选择，或者选择"翻转"以改变镜像平面。该生成器常常用于创建复杂的平面对称图形，例如人体制作等。

在菜单栏中选择"创建>生成器>对称"命令，如图2-196所示；或在工具栏中按住"细分曲面"图标•并拖动鼠标，在其下拉列表中选择"对称"选项，如图2-197所示，完成创建。选择需要对称的多边形模型，按住"Option/Alt"键并单击"对称"图标，可在创建"对称"生成器的同时将该多边形模型移入其子级。

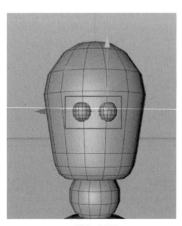

| 图2-195 | 图2-196 | 图2-197 |

2.2.8 变形器

变形器的作用在于能够改变物体的形态，为建模提供更多的可能性。变形器图标的颜色与生成器图标的颜色有所不同，需要区分。生成器图标的颜色为绿色，变形器图标的颜色为紫色，生成器作为父级使用，而变形器需要作为子级使用，如图2-198所示。

在"菜单栏"中选择"创建>变形器"命令，在其子菜单中选择需要的变形器工具即可，如图2-199所示。也可在工具栏中按住"弯曲"图标，在其下拉列表中选择合适的工具，如图2-200所示。将创建好的变形器拖曳到对应的多边形模型上，当鼠标指针变为"↓"形状时，松开鼠标，即可将变形器设置为该多边形模型的子级，如图2-201所示。选择需要添加变形器的多边形模型，按住"Shift"键并单击变形器图标，可在创建变形器的同时将该变形器移入多边形模型的子级。

   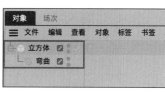

图2-198 图2-199 图2-200 图2-201

变形器包含"弯曲""膨胀""斜切""锥化""扭曲""摄像机""修正""FFD""网格""爆炸""爆炸FX""融化""碎片""颤动""挤压&伸展""碰撞""收缩包裹""球化""平滑""表面""样条""导轨""样条约束""置换""公式""变形""风力""倒角"等。每个变形器的功能都不同，利用好变形器及其组合，可以创造出万千可能。

1. 弯曲

"弯曲"变形器可以使模型产生弯曲效果，如图2-202所示，这需要模型有足够的分段数。在弯曲属性面板的"对象"选项卡中有"尺寸""模式""强度""角度""保持长度""匹配到父级"等选项，如图2-203所示。

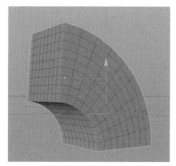 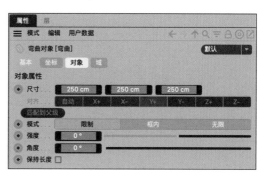

图2-202 图2-203

（1）"尺寸"用于调节变形器的尺寸，从而改变变形器效果的影响范围。

（2）"模式"有3个选项——"限制""框内""无限"，它们决定了变形器对多边形模型的影响方式，从而影响弯曲的形态。"限制"——不需要在变形器框内，但仍然影响模型对应的变形效果。"框内"——仅在变形器线框内产生作用。"无限"——当模式设置为"无限"后，变形器的影响范围将会变得无穷大，不受变形器尺寸的限制。

（3）"强度"用于调节弯曲效果的强度。

（4）"角度"用于调节弯曲效果的角度。

（5）在勾选"保持长度"复选框前，通过调节"角度"，在弯曲效果下，模型的纵轴将会随着角度变化而上下起伏；勾选该复选框后，可以使弯曲效果的纵向长度固定，不会出现起伏。

（6）"匹配到父级"用于将效果器的影响范围控制在其父级的多边形模型整体之内。

2．膨胀

"膨胀"变形器用于使多边形模型膨胀/收缩，如图2-204所示。

"膨胀"变形器不仅可以产生膨胀效果，还可以通过调节膨胀强度为负值使模型产生压缩效果。在膨胀属性面板的"对象"选项卡中有"尺寸""模式""强度""弯曲""圆角""匹配到父级"等选项，如图2-205所示。

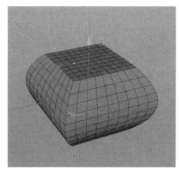
图2-204

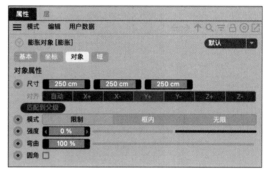
图2-205

（1）"尺寸"用于调节变形器的尺寸，从而改变变形器效果的影响范围。

（2）"模式"有3个选项——"限制""框内""无限"，它们决定了变形器对多边形模型的影响方式，从而影响膨胀的形态。"限制"——不需要在变形器框内，但仍然影响模型对应的变形效果。"框内"——仅在变形器线框内产生作用。"无限"——当模式设置为"无限"后，变形器的影响范围将会变得无穷大，不受变形器尺寸的限制。

（3）"强度"用于调节膨胀效果的强度。

（4）"弯曲"用来调节膨胀形态。

（5）"圆角"可以使紫色弯曲线框产生弧度，使多边形模型棱角呈现圆角形态。当"弯曲"数值为0%时，圆角无效果。

（6）"匹配到父级"用于将效果器的影响范围控制在其父级的多边形模型整体之内。

3．锥化

"锥化"变形器用于使多边形模型产生锥化效果，如图2-206所示。其属性面板的"对象"选项卡中有"尺寸""模式""强度""弯曲""圆角""匹配到父级"等选项，如图2-207所示。

（1）"尺寸"用于调节变形器的尺寸，从而改变变形器效果的影响范围。

（2）"模式"有3个选项——"限制""框内""无限"，它们决定了变形器对多边形模型的影响方式，从而影响锥化的形态。当模式设置为"无限"后，变形器的影响范围将会变得无穷大，不受变形器尺寸的限制。

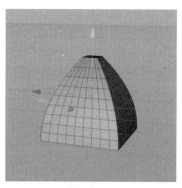
图2-206

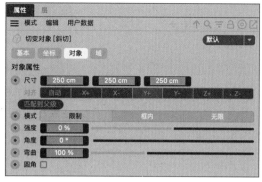
图2-207

（3）"强度"用于调节锥化效果的强度。

（4）"弯曲"用于调节紫色线框的弯曲形态，进而改变多边形模型的形态。

（5）"圆角"用于使紫色弯曲线框产生弧度，使多边形模型棱角呈现圆角形态。当"弯曲"数值为0%时，圆角无效果。

（6）"匹配到父级"用于将效果器的影响范围控制在其父级的多边形模型整体之内。

4. 扭曲

"扭曲"变形器用于使多边形模型产生扭曲效果，如图2-208所示。其属性面板的"对象"选项卡中有"尺寸""模式""角度""匹配到父级"等选项，如图2-209所示。

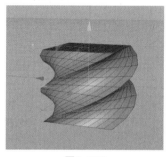
图2-208

图2-209

（1）"尺寸"用于调节变形器的尺寸，从而改变变形器效果的影响范围。

（2）"模式"有3个选项——"限制""框内""无限"，它们决定了变形器对多边形模型的影响方式，从而影响扭曲的形态。当模式设置为"无限"后，变形器的影响范围将会变得无穷大，不受变形器尺寸的限制。

（3）"角度"用于调节扭曲效果的强度，角度越大，则扭曲强度越高。

（4）"匹配到父级"用于将效果的影响范围控制在其父级的多边形模型整体之内。

5. 球化

"球化"变形器可以使多边形模型产生趋近于球体的形变，在卡通动画中较为常用，如图2-210所示。其属性面板的"对象"选项卡中有"半径""强度""匹配到父级"3个选项，如图2-211所示。

（1）"半径"用于设置球化效果的大小。

（2）"强度"用于调节变形器使多边形模型产生形变的程度，强度越高多边形模型越趋近于球体。

（3）"匹配到父级"用于将效果器的影响范围控制在其父级的多边形模型整体之内。

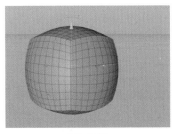

图2-210　　　　　　　　　　　　　　　图2-211

6. 样条约束

样条约束是十分常用的功能，特别是在动画制作方面，如图2-212所示。

样条约束属性管理器的"对象"选项卡中有"样条""导轨""轴向""强度""偏移""起点""终点""模式""结束模式""尺寸""旋转""边界盒"等属性，如图2-213所示。

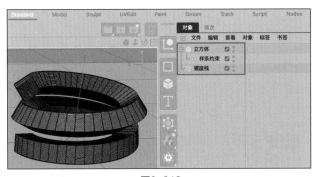

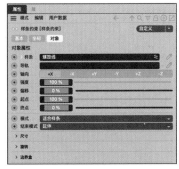

图2-212　　　　　　　　　　　　　　　图2-213

（1）"样条"用于选择约束多边形模型的样条。

（2）"导轨"用于控制多边形模型上的样条方向。

（3）"轴向"用于改变样条约束的轴向。

（4）"强度"用于调节多边形模型受到样条约束的形变程度。

（5）"偏移"用于调节多边形模型在样条上的位置。

（6）"起点""终点"控制样条的约束起点和终点。

（7）"模式"用于选择多边形在样条上的表现形式，有"适合样条"和"保持长度"两种，如图2-214所示。"适合样条"是指将多边形模型的长度与样条长度相匹配；"保持长度"是指多边形模型保持原有长度，不受样条长度的影响。

图2-214

（8）"结束模式"是指在样条起点或终点以外的部分的多边形模型表现形式，有"限制"和"延伸"两种。"限制"是指多边形模型被限制在样条起点和终点范围内，超出则被挤压成平面；"延伸"是指多边形模型在样条起点和终点范围外不被限制，向起点和终点方向持续延伸。

（9）"尺寸"分为"尺寸"和"样条尺寸"，如图2-215所示。"尺寸"指的是多边形模型自身的尺寸，可通过曲线对其进行设置；"样条尺寸"指的是样条的尺寸，多边形模型会根据所在样条的尺寸而发生形变。

（10）"旋转"分为"旋转"和"样条旋转"，如图2-216所示。"旋转"指的是多边形模型自身旋转，可通过曲线对其进行设置；"样条旋转"指的是样条旋转，多边形模型会根据所在样条的旋转角度旋转，亦可通过曲线控制。

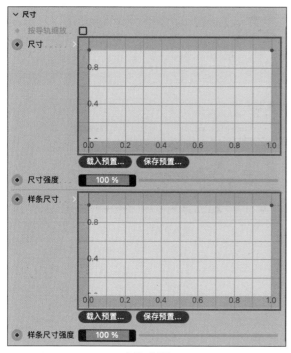

图2-215

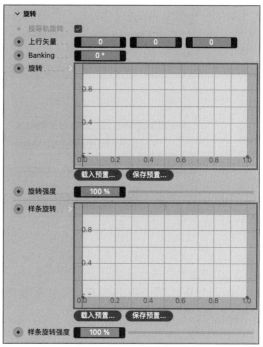

图2-216

（11）"边界盒"用于控制样条约束变形器的位置和大小，避免与其他变形器发生作用时报错。

7. 变形

"变形"变形器需要结合姿态变形标签使用，可以应用于模型变形过程，如人物表情动画等方面。

选择多边形模型并将其转化为可编辑对象，在对象管理器中右击该多边形模型，在弹出的快捷菜单中选择"装配标签>姿态变形"命令，如图2-217所示。

在姿态变形标签混合属性下，可以勾选受到变形影响的对象属性，如图2-218所示。

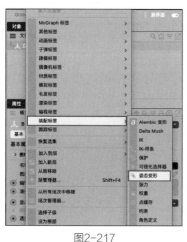

图2-217

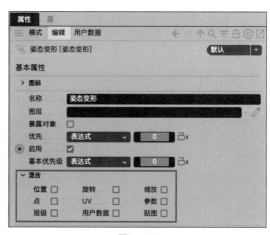

图2-218

在"标签"选项卡下，单击"姿态.0"以改变勾选属性并改变对应参数，或在"目标"文本框中添加目标移动位置，即可通过"强度"实现变化过渡效果，如图2-219所示。再添加"变形"变形器到该多边形模型的子级，以此来控制多边形模型的变形过程，如图2-220所示。

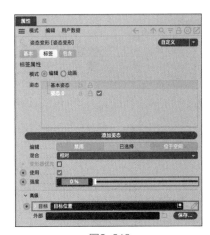

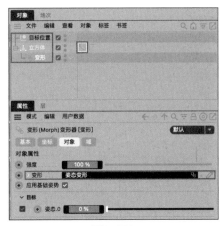

图2-219　　　　　　　　　　　　图2-220

"变形"变形器属性面板的"对象"选项卡中的常用属性有"变形"和"目标"。

（1）"变形"用于选择姿态变形标签。

（2）"目标"用于显示姿态变形标签的姿态，可通过调整姿态右侧的数值或拖动滑块来改变多边形模型变形的状态。

8. 风力

"风力"变形器常用于制作多边形模型被风吹动的效果，如图2-221所示。

"风力"变形器属性面板的"对象"选项卡中有"振幅""尺寸""频率""湍流""fx""fy""旗"7个属性，如图2-222所示。

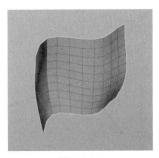

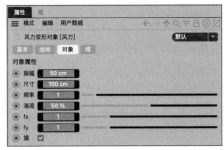

图2-221　　　　　　　　　　　　图2-222

（1）"振幅"用于调整模型形变的幅度。

（2）"尺寸"用于调整"风力"变形器的尺寸。

（3）"频率"用于调整风力频率，频率越高，受风力影响的对象飘动速度加快。

（4）"湍流"表示在风力中增加湍流，用于扰乱风的流动。

（5）"fx""fy"用于控制在x、y轴上产生形变的频率。

（6）勾选"旗"复选框后，轴的位置不会发生改变，用于模拟旗帜随风飘动的效果。

9. 倒角

"倒角"变形器用于使多边形对象产生倒角，这在建模过程中十分常用，能够使模型面与面之间的过渡变得更加自然，如图2-223所示。

"倒角"变形器属性面板中常用的选项卡有"选项"和"外形"。

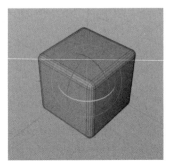

图2-223

"选项"选项卡中的属性有"构成模式""添加/移除""选择""角度阈值""倒角模式""偏移模式""偏移""细分""深度""限制"等，如图2-224所示。"外形"选项卡中的常用属性是"外形"。

（1）"构成模式"用来选择需要进行倒角的对象，选择"点"表示对点倒角，选择"边"表示对边倒角，选择"多边形"表示对面倒角。

（2）"添加/移除"用于添加或移除下方的选择栏。

（3）"选择"用于选择已经作为选集的倒角对象，仅限于选集对象。

（4）"角度阈值"用于设置在大于该角度的面之间进行倒角，若面与面之间的角度小于该数值，则不会进行倒角。勾选"使用角度"复选框才可设置角度阈值。

（5）"倒角模式"用于选择倒角模式为"倒角"或"实体"。

（6）"偏移模式"用于选择偏移模式为"固定距离"、"半径"或"按比例"。

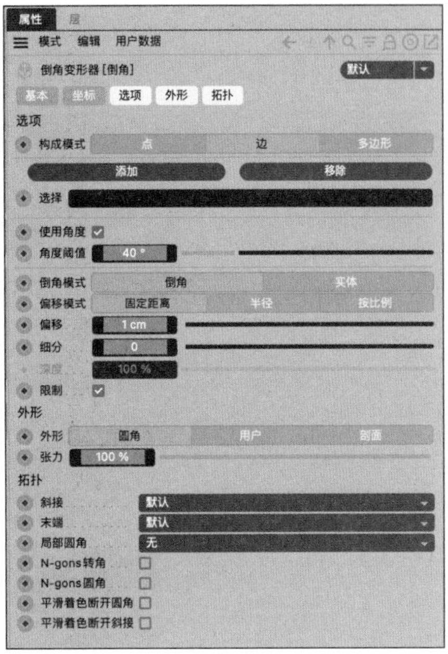

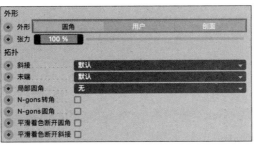

图2-224

（7）"偏移"用于设置倒角的偏移程度。

（8）"细分"用于设置倒角的平滑程度，细分数越高，倒角越平滑。

（9）"深度"用于控制倒角外凸或凹陷的形态，正负决定形态，数值决定程度。

（10）"限制"用于限制模型过度调整。

（11）"外形"用于设置倒角外形，有"圆角""用户""剖面"3种类型供选择，默认为"圆角"，如图2-225所示。选择"用户"，可根据曲线调整倒角外观。若选择"剖面"，则可根据样条产生倒角。

图2-225

2.2.9 实战案例：多边形建模

创建多边形模型时会利用多种建模工具，将一个简单的模型转化为场景所需的模型。任何复杂的场景模型都是从简单的模型一点点变化过来的。这就不得不提到建模工具的重要性，用户应该熟悉并掌握这些工具，让工具为己所用，而不是一味地跟随着教程或者案例。所以，应当养成分析模型创建过程的习惯。一个模型的创建方式有很多种，可以尽可能多地挖掘不同的方式，这也有助于掌握不同工具和不同的操作流程，提高学习效率。本案例效果如图2-226所示。

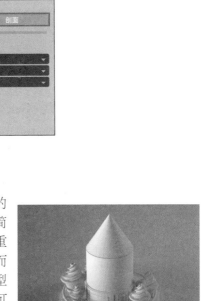

图2-226

资源位置

素材文件	素材文件>CH02>4 案例：多边形建模
实例文件	实例文件>CH02>4 案例：多边形建模.c4d
技能掌握	掌握在Cinema 4D中创建多边形模型的方法

微课视频

操作步骤

1. 铅笔广场铅笔建模

（1）创建圆柱体。在工具栏中按住"立方体"图标并拖动鼠标，在其下拉列表中选择"圆柱体"选项，如图2-227所示。

（2）修改圆柱体参数。选择创建的圆柱体，在其属性管理器中，将"高度"设置为110cm，"旋转分段"设置为40，如图2-228所示。之后将该圆柱体向上复制，效果如图2-229所示。

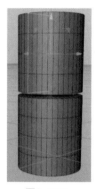

图2-227   图2-228   图2-229

（3）为圆柱体添加锥化效果。在工具栏中按住"弯曲"图标并拖动鼠标，在其下拉列表中选择"锥化"选项，如图2-230所示。再将"锥化"设置为"圆柱体.1"的子级，如图2-231所示。

（4）调整锥化参数。在其属性管理器中，将"强度"设置为100%，"弯曲"设置为0%，如图2-232所示。再对锥化效果范围进行微调，效果如图2-233所示。

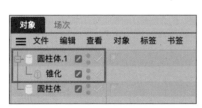

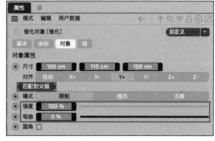

图2-230   图2-231   图2-232

（5）铅笔套建模。将下方的圆柱体再复制一份，调整其半径略大于笔杆半径，如图2-234所示。在工具栏中按住"弯曲"图标并拖动鼠标，在其下拉列表中选择"倒角"选项，并将"倒角"作为"笔套"的子级，以此来添加铅笔套轮廓细节，倒角创建过程如图2-235所示。

（6）调节倒角参数。单击"倒角"进入属性管理器，将"偏移"设置为1cm，将"细分"设置为2，如图2-236所示。再将该圆柱体复制两份，调整其大小，作为笔套的上下边，效果如图2-237所示。

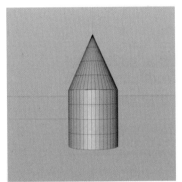

图2-233

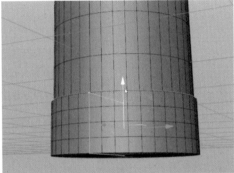

图2-234

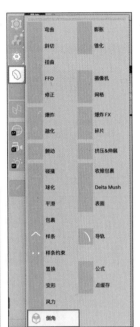

图2-235

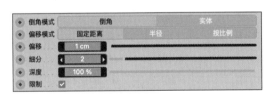

图2-236

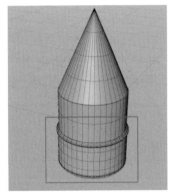

图2-237

（7）利用"克隆"生成器制作铅笔末端花纹。创建立方体，对立方体的参数进行调整，使其作为铅笔末端的木板，如图2-238所示。在工具栏中选择"克隆"工具，如图2-239所示，将木板作为"克隆"的子级。

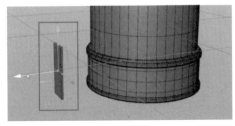

图2-238

图2-239

（8）调整"克隆"参数。在对象管理器中，将"克隆"移动到"圆柱体"的子级，在菜单栏中选择"网格>轴心>对齐到父级"，如图2-240所示。选择"克隆"，在属性管理器中将"模式"改选为"放射"，"数量"设置为22。在"变换"选项卡下，将"旋转.H"设置为90°，如图2-241和图2-242所示。最终效果如图2-243所示。

图2-240

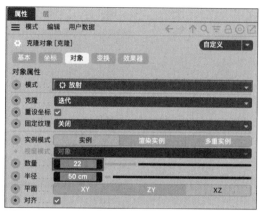

图2-241

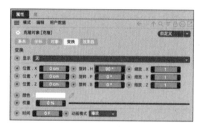

图2-242

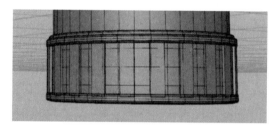

图2-243

2. 铅笔门建模

（1）删除木板，为放置门留出空间。选择"克隆"，并将其转化为可编辑对象（快捷键为"C"）。利用选择工具选择3块连续的模板，按"Delete"键删除木板，为制作铅笔门留出空间，如图2-244所示。

（2）创建平面。在工具栏中按住"立方体"图标●并拖动鼠标，在其下拉列表中选择"平面"选项，如图2-245所示。调整平面大小并将其放在合适的位置，注意要保持 y 轴正向始终朝上，如图2-246所示。

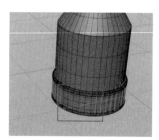

图2-244

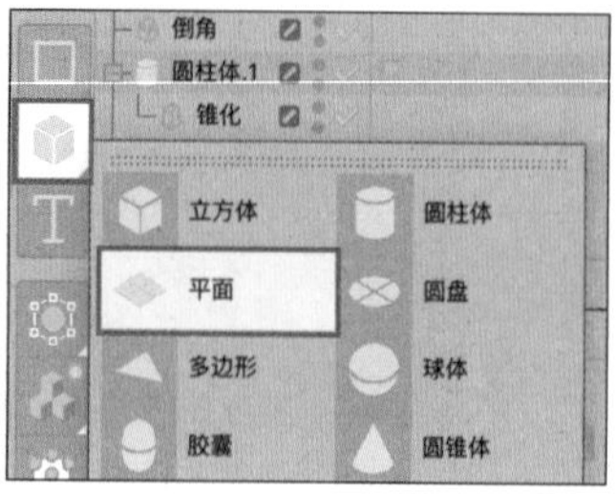

图2-245

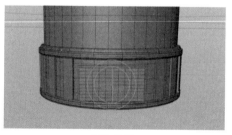

图2-246

（3）创建收缩包裹。在工具栏中按住"弯曲"图标 ◎ 并拖动鼠标，在其下拉列表中选择"收缩包裹"选项，如图2-247所示。将"收缩包裹"作为"平面"的子级。在属性管理器中，将目标对象设置为"圆柱体"，注意场景中有多个圆柱体，应选择最外层的圆柱体，如图2-248所示。

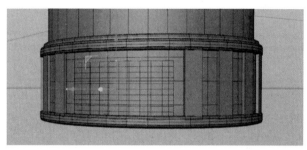

图2-247　　　　　　　　　　　　　　　　图2-248

（4）挤压平面。按住"Shift"键的同时选中"平面"和"收缩包裹"，单击鼠标右键，在弹出的快捷菜单中选择"连接对象+删除"命令，如图2-249所示，将"平面"与"收缩包裹"连接为一个整体。在"面"模式下，选中"平面"所有的面，选择"挤压"命令（快捷键为"D"），为"平面"增添厚度，效果如图2-250所示。

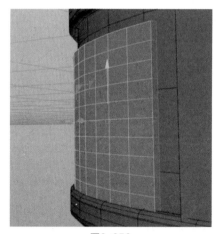

图2-249　　　　　　　　　　　　　　　　图2-250

3. 铅笔广场地板建模

（1）复制铅笔圆柱作为地板。按住"Ctrl/Cmd"键并拖动圆柱体即可实现快速复制。调整圆柱体"高度"和"半径"并移动到合适位置，如图2-251所示。

（2）丰富地板细节。在工具栏中按住"弯曲"图标 ◎ 并拖动鼠标，在其下拉列表中选择"倒角"选项，将"倒角"移入"圆柱体"的子级，在其属性管理器中将"偏移"设置为1cm，"细分"设置为2，如图2-252所示。再将"旋转分段"设置为60，如图2-253所示，因为较"铅笔"而言，地板拥有更大的半径。将该圆柱体进行多次复制，添加地板上下层次，丰富细节，如图2-254所示。

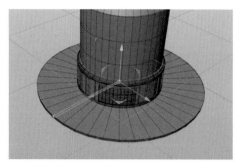

图2-251

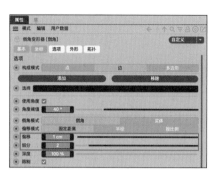

图2-252

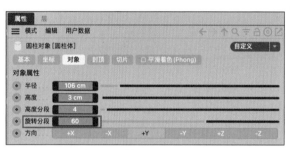

图2-253

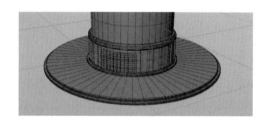

图2-254

（3）为广场添加护栏桩。创建模型圆柱体，设置合适的尺寸。创建"克隆"生成器，将护栏桩"圆柱体"设置为"克隆"的子级，并在属性管理器中将"克隆模式"设置为"放射"。将"克隆"设置为铅笔"圆柱体"的子级。在菜单栏中选择"工具>轴心>对齐到父级"命令，如图2-255所示。单击"克隆"，打开属性管理器，将"数量"设置为17，最终效果如图2-256所示。

图2-255

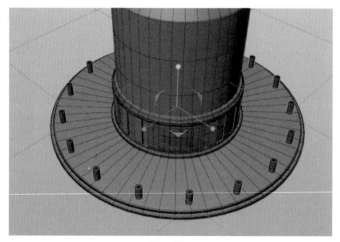

图2-256

（4）为护栏桩添加细节。创建圆环面，将其调整到合适的大小和位置，如图2-257所示。单击"圆环面"，在其属性管理器中将"圆环分段"设置为50，如图2-258所示。

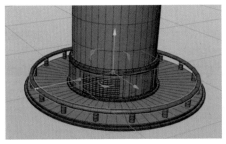

图2-257

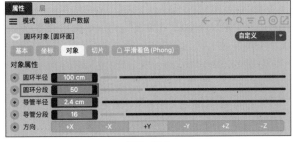

图2-258

（5）在护栏桩上设置出入口。单击"圆环面"，将其转化为可编辑对象（快捷键为"C"），进入"面"模式，删除"圆环面"的一小部分，旨在为广场设计出入口，效果如图2-259所示。

（6）优化出入口设计。删除部分圆环后，截面两端将会呈现中空效果。在操作视窗中单击鼠标右键，在弹出的快捷菜单中选择"封闭多边形孔洞"，如图2-260所示，单击多边形孔洞使其闭合，如图2-261所示。此时"圆环面"边缘生硬，应当添加"倒角"效果，如图2-262所示。

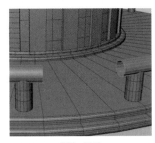

图2-259

图2-260

图2-261

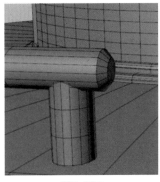

图2-262

4. 铅笔广场冰淇淋建模

（1）创建奶油冰淇淋圆柱体。创建一个圆柱体模型，进入其属性管理器，将"高度分段"设置为30，"旋转分段"设置为30，如图2-263所示。

（2）为圆柱体添加置换着色器。在工具栏中创建"置换"，将"置换"设置为奶油"圆柱体"的子级。在属性管理器中，打开"着色"选项卡，单击"通道"右侧的向下的三角箭头，在下拉列表中选择"噪波"，如图2-264所示。

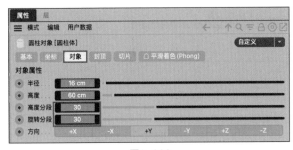

图2-263

图2-264

（3）设置噪波参数。在属性管理器中，打开"着色"选项卡，单击"噪波"，进入噪波设置界面，如图2-265所示。在噪波着色器中，将"对比"设置为37%，"相对比例"设置为1000%，如图2-266所示。调整后效果如图2-267所示。

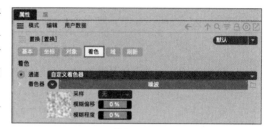

图2-265

（4）为冰淇淋奶油添加"锥化"变形器。首先需要选择奶油"圆柱体"与"置换"着色器，单击鼠标右键，在弹出的快捷菜单中选择"连接对象+删除"命令，将奶油"圆柱体"与"置换"着色器连接为一个整体，如图2-268所示。在工具栏中选择"锥化"工具，创建"锥化"变形器，如图2-269所示。将"锥化"变形器设置为奶油"圆柱体"的子级，并在其属性管理器中将"强度"设置为86%，"弯曲"设置为0%，如图2-270所示。

（5）为冰淇淋奶油添加"扭曲"变形器。在工具栏中选择"扭曲"工具，如图2-271所示，创建"扭曲"变形器。将"扭曲"变形器设置为奶油"圆柱体"的子级。在其属性管理器中，将"角度"设置为343°，如图2-272所示。调整后效果如图2-273所示。

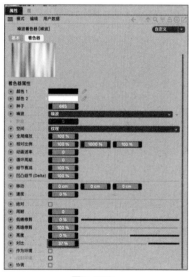

图2-266

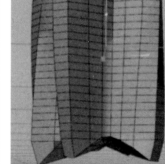

图2-267

图2-268

图2-269

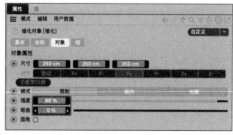

图2-270

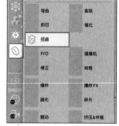

图2-271

（6）为冰淇淋奶油添加"细分曲面"生成器。在工具栏中，选择"细分曲面"工具，如图2-274所示，创建"细分曲面"生成器。将"细分曲面"生成器设置为冰淇淋奶油"圆柱体"的父级，效果如图2-275所示。

图2-272　　　　　　　　图2-273　　　　图2-274　　　　图2-275

（7）为冰淇淋创建底座。创建圆柱体模型，将其调整到合适的大小和位置，如图2-276所示。为冰淇淋底座添加"倒角"变形器，在其属性管理器中，将"细分"设置为1，"偏移"设置为1cm，如图2-277所示。

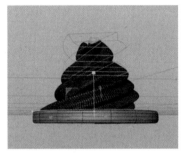
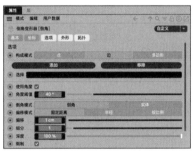

图2-276　　　　　　　　　　　　　　图2-277

（8）添加"FFD"变形器以丰富底座细节。对步骤（7）所创建的冰淇淋底座圆柱体模型进行复制，缩放并调整到合适的位置，如图2-278所示。在工具栏中选择"FFD"工具，如图2-279所示，创建"FFD"变形器。将"FFD"设置为该"圆柱体"的子级，根据变形器锚点调整"FFD"使"圆柱体"产生形变，效果如图2-280所示。

（9）复制冰淇淋以丰富整体场景。调整冰淇淋的整体大小，将其错落有致地布置在铅笔广场中，最终效果如图2-281所示。

图2-278　　　　　图2-279　　　　　图2-280　　　　　图2-281

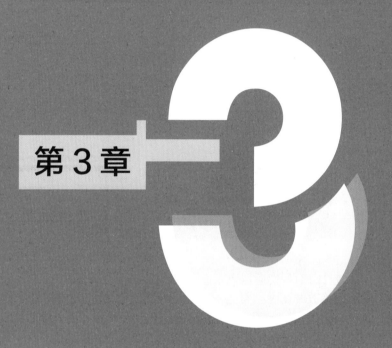

第 3 章

摄像机与渲染

在第1章和第2章的学习中，读者已经初步了解了创建模型的方法，本章将继续讲解如何使用摄像机与渲染为模型添加效果。摄像机与渲染不仅能使简单的模型直观且丰富地呈现在用户眼前，同时对制作三维模型作品效果至关重要。若说模型是一个三维作品的"骨骼"，那么使用摄影机与渲染就是为"骨骼"赋上"血肉"。

3.1 摄像机概述

在操作视窗中，用户可以在默认的摄像机中对场景进行搭建和设置。默认摄像机是不能设定关键帧的，它仅能作为活动视窗使用，在其坐标变换中，各坐标值框前无设置关键帧的相关按钮，如图3-1所示。

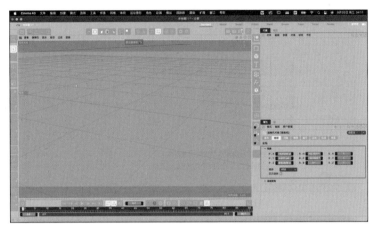

图3-1

当涉及摄像机运动或多个摄像机视角等需求时，需要在场景中创建新的摄像机对象。Cinema 4D中的摄像机尽可能地还原了真实的摄像机属性，例如，为模型添加"感光度""光圈""快门速度"效果可以使渲染结果更加真实。想要设置好摄像机的参数，不仅需要掌握常用的构图方式，还需要对摄影有一定的了解。

3.1.1 摄像机的基本属性

创建摄像机。在菜单栏中选择"创建>摄像机>摄像机"命令，如图3-2所示，完成摄像机的创建。或在工具栏中，单击 图标创建摄像机，如图3-3所示。

摄像机的属性面板中的选项卡除"基本"和"坐标"外还有6个，它们分别是"对象""物理""细节""立体""合成""球面"，如图3-4所示。这6个选项卡涵盖了摄像机的基础设置和辅助功能。

图3-2

图3-3

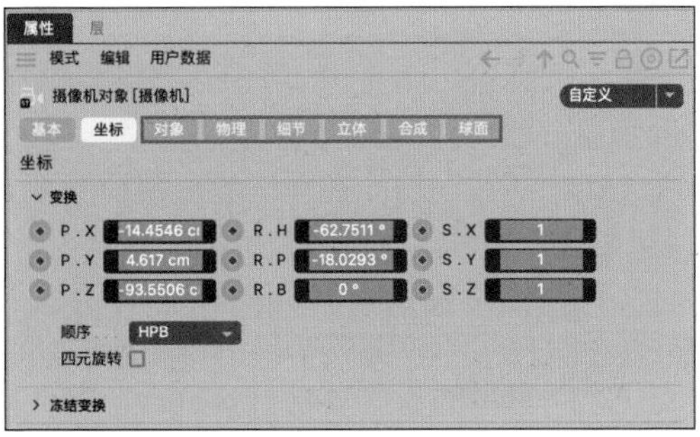

图3-4

1．对象

"对象"选项卡中的属性有"投射方式""焦距""传感器尺寸（胶片规格）""视野范围""视野（垂直）""缩放""胶片水平偏移""胶片垂直偏移""目标距离""使用目标对象""焦点对象""自定义色温（K）""仅影响灯光"等，如图3-5所示。

（1）"投射方式"不仅包含"正视图""右视图"等多种基础视图，还包含"蛙眼视图""鸟瞰视图"等特殊视图，如图3-6所示。

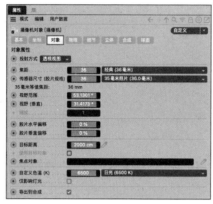

图3-5   图3-6

（2）"焦距"是光学系统中光聚集和发散的度量方式，指平行光入射时从透镜光心到光聚集之焦点的距离。焦距越长，观看对象越小，如图3-7所示；焦距越短，观看对象越大，如图3-8所示。使用长焦镜头（焦距长）时，有时会出现拍摄对象外凸的情况，这种情况被称为桶形畸变；使用广角镜头（焦距短）时，有时会出现拍摄对象向内凹陷的情况，这种情况被称为枕形畸变。因此焦距的长短会影响摄像机的透视效果。

（3）"传感器尺寸（胶片规格）"对应传统摄像机中的感光元件尺寸，传感器尺寸越大，能拍摄的范围就越大，如图3-9所示。

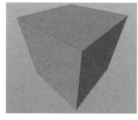
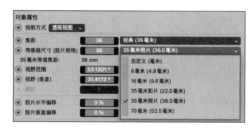

图3-7   图3-8   图3-9

（4）"视野范围"用于调整摄像机的拍摄角度。视野范围越大，焦距越短；视野范围越小，焦距越长。

（5）"视野（垂直）"用于调整摄像机在垂直方向上所能拍摄到的范围。视野范围越大，焦距越短；视野范围越小，焦距越长。

（6）"缩放"功能在默认的透视视图中处于关闭状态，例如，当投射方式为"平行"时，摄像机默认忽略其透视关系，可以通过缩放界面来控制摄像机视角，如图3-10所示。

（7）"胶片水平偏移"用于将胶片沿像平面水平方向移动，且这个过程不会改变透视效果。

（8）"胶片垂直偏移"用于将胶片沿像平面垂直方向移动，且这个过程不会改变透视效果。

（9）"目标距离"是指摄影机与拍摄目标之间的距离，即与焦点的距离，可通过单击其右边的 图标来调整操作视窗中的目标位置以改变目标距离，如图3-11所示。

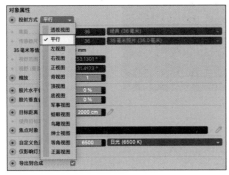

图3-10

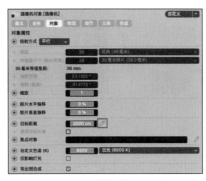

图3-11

（10）"使用目标对象"用于在目标摄像机中，将焦点范围锁定在目标上。

（11）"焦点对象"用于设置焦点对象。可单击其右边的向下的箭头图标来调整操作视窗或对象管理器中的对象以设置焦点对象。

（12）"自定义色温（K）"用于调节摄像机的色温。色温是指绝对黑体在不同温度下燃烧所得到的颜色，黑体在受热后，由黑色转变为红色，继而转变为黄色，其次是白色，最后呈现蓝色，色温越低，颜色色调越暖；色温越高，颜色色调越冷，如图3-12所示。摄像机的色温显示结果与该数值是相反的，摄像机需要的色温是还原18度灰，设置色温是告知摄像机此时的色温，从而还原正常色温。

图3-12

（13）"仅影响灯光"处于勾选状态时，对色温的调整将不会影响多边形模型的固有色，只影响灯光色彩。

2. 物理

"物理"选项卡中的属性有"电影摄像机""光圈（f/#）""曝光""ISO""增益（dB）""快门速度（秒）""快门角度""快门偏移""快门效率""镜头畸变-二次方""镜头畸变-立方""暗角强度""暗角偏移""彩色色差""光圈形状"，如图3-13所示。

（1）"电影摄像机"默认处于关闭状态，开启后，可按照电影摄像机参数方式调整参数。

图3-13

（2）"光圈（f/#）"是镜头内控制通光量的元件。光圈越大，进入摄像机镜头的光线越多，画面就越亮，表示光圈的数值越小，如图3-14所示；光圈越小，进入到摄像机的光线越少，画面就越暗，表示光圈的数值越大，如图3-15所示。光圈越大，景深越浅，虚化效果越明显。

（3）"曝光"选项开启后，即可通过ISO手动调整曝光。

（4）"ISO"在此处代表感光度，指感光元件对光线的敏感程度。"ISO"值越高，感光元件对光线的敏感程度越高，画面就越明亮。

（5）"增益（dB）"用于调节画面的明暗程度，在开启电影摄像机后可用。

（6）"快门速度（秒）"指的是快门的速度。快门速度越高，画面越暗，运动的物体就越清晰，如图3-16所示；快门速度越慢，画面越亮，运动的物体就越模糊，如图3-17所示。

（7）"快门角度"是在胶片电影机上，利用控制旋转快门的方式获得不同的曝光时间的设置，开启"电影摄像机"功能后可用。快门角度与快门速度能计算转换。

图3-14　　　　　　　图3-15　　　　　　　图3-16　　　　　　　图3-17

（8）"快门偏移"用于控制快门偏移，开启"电影摄像机"功能后可用。

（9）"镜头畸变-二次方"用于控制镜头畸变（以线性变形为主）。

（10）"镜头畸变-立方"用于控制镜头畸变（涉及复杂、非线性的变形）。

（11）"暗角强度"用于控制暗角的强度，使画面四周亮度低于中心亮度，呈现四周暗、中间亮的视角效果，如图3-18所示。

（12）"暗角偏移"用于控制暗角羽化，数值越高，则画面中暗角明暗效果的过渡越平滑，如图3-19所示。

（13）"彩色色差"用于模拟摄像机的色差，并且伴随彩色噪点出现，如图3-20所示。

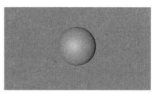

图3-18　　　　　　　　图3-19　　　　　　　　图3-20

（14）"光圈形状"用于设置光圈的形状，开启后可对其细节进行调整。光圈形状与高光处虚化呈现的形状有关。

3. 细节

"细节"选项卡中的属性有"启用近处剪辑""近端剪辑""启用远端修剪""远端修剪""显示视锥""景深映射-前景模糊""景深映射-背景模糊"等，如图3-21所示。

（1）勾选"启用近处剪辑"复选框后，将启用近端剪辑。

（2）"近端剪辑"用来隐藏靠近摄像机一定范围的对象，这个范围的数值区间是从0到设置的数值。

（3）勾选"启用远端修剪"复选框后，将启用远端修剪。

（4）"远端修剪"用来隐藏远离摄像机一端一定范围的对象，这个范围的数值区间是从无穷大到设置的数值。

（5）"显示视锥"用于显示摄像机的取景范围。勾选该复选框后，界面将显示当前摄像机的取景范围，取消勾选该复选框后，将隐藏摄像机的取景范围，如图3-22所示。

（6）"景深映射-前景模糊"用于使前景范围内的对象产生模糊虚化效果。

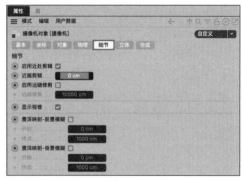

图3-21

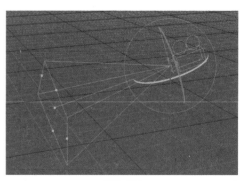

图3-22

4. 合成

"合成"选项卡中的属性有"启用""网格""三角形""黄金螺旋线""对角线""黄金分割""十字标"等，如图3-23所示。

（1）勾选"启用"复选框后，即可使用构图辅助线。

（2）勾选"网格"复选框后，摄像机视图中会显示网格辅助线，如图3-24所示。在"绘制网格"中可以设置网格数量以及颜色等。

（3）勾选"三角形"复选框后，摄像机视图中会显示三角形辅助线，如图3-25所示。在"绘制三角形"中可以设置三角形模式、镜像、翻转以及颜色等。

图3-23

图3-24

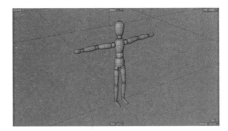

图3-25

（4）勾选"黄金螺旋线"复选框后，摄像机视图中会显示黄金螺旋线辅助线，如图3-26所示。在"绘制黄金螺旋线"中可以设置黄金螺旋线水平镜像、竖直镜像、翻转、对齐以及颜色等。

（5）勾选"对角线"复选框后，摄像机视图中会显示对角线辅助线，如图3-27所示。在"绘制对角线"中可以设置镜像以及对角线颜色。

图3-26

图3-27

（6）勾选"黄金分割"复选框后，摄像机视图中会显示黄金分割辅助线，如图3-28所示。

（7）勾选"十字标"复选框后，摄像机视图中会显示十字标辅助线。在"十字标"中可以设置十字标的缩放比例以及颜色，如图3-29所示。

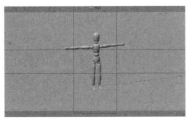

图3-28

图3-29

3.1.2 摄像机的坐标

在"坐标"选项卡中，可以调整对象摄像机的位置、形状、大小、旋转等参数。勾选"四元旋转"复选框可以解决万向节死锁问题。万向节死锁问题较为复杂，万向节能够在3个轴向上使中心结构始终保持竖直稳定状态，如图3-30所示。而当特殊情况发生时，例如，某两个轴向圆环处于同一平面，如图3-31所示，此时万向节的调节功能将出现错误，即万向节无法再使中心结构保持竖直状态，如图3-32所示。可以简单理解为，对象在特定条件下的旋转过程中会出现卡顿和晃动，软件通过计算出更佳的旋转路径来避免卡顿和晃动。"冻结变换"功能在绑定动画中较为常用，在调整摄像机参数之前将其坐标信息冻结起来，调整坐标数值归零，方便之后的动画操作，最后再解冻还原该摄像机的实际坐标。

 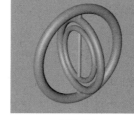 

图3-30   图3-31   图3-32

在属性管理器中，"P.X""P.Y""P.Z"表示摄像机的位移。"P.X"表示摄像机沿x轴方向移动；"P.Y"表示摄像机沿y轴方向进行移动；"P.Z"表示摄像机沿z轴方向进行移动。

摄像机的坐标旋转模式默认为"HPB"，如图3-33所示。其中"R.H""R.P""R.B"是摄像机的不同旋转属性。"R.H"表示航向，对应y轴旋转；"R.P"表示倾斜，对应x轴旋转；"R.B"表示转弯，对应z轴旋转。

图3-33

3.2 摄像机的类型

在不同的场景中，Cinema 4D提供了多种摄像机类型供用户选择，如图3-34所示。

当建立起镜头语言后，摄像机就不仅仅是作为简单的录制设备了，它还是引导观众注意力的"指挥棒"。所以，不同的画面需要选择与之相匹配的摄像机。

镜头	景别	摄法	画面	字幕	音效	时长（秒）
1	近景	固定镜头	人物站立时腿部部分	当你站上赛场		3s
2	特写	固定镜头（背影）	人物将球衣穿上背后球队名称特写	背负使命		3s
3	近景	摇镜头	人物站立时拿球手部部分	手握热爱		2s
4	特写	固定镜头	人物抬头时的眼神	面对强敌		3s

图3-34

3.2.1 摄像机

摄像机常被用来创建摄像机动画，或者固定视角。当需要回到某特定视角时，可以直接进入摄像机，从而避免因为来回拖动默认摄像机而带来的麻烦。关于摄像机的基本属性和功能前文已有讲解，此处不赘述。

创建摄像机。在菜单栏中选择"创建>摄像机>摄影机"命令，如图3-35所示，即可创建摄像机。在工具栏中按住"摄像机"图标并拖动鼠标，在其下拉列表中选择"摄像机"选项，也可创建摄像机，如图3-36所示。

图3-35

图3-36

3.2.2 目标摄像机

目标摄像机和摄像机的参数属性大致相同，区别在于在创建目标摄像机时，对象管理器中会出现"摄像机"及"摄像机.目标.1"，如图3-37所示。"摄像机"右侧对应的标签栏中会出现"目标表达式标签"，"摄像机.目标.1"已经和"摄像机"关联，用于控制摄像机的视角，"摄像机"始终朝向"摄像机.目标.1"，"摄像机.目标.1"移动时，摄像机视角也会跟随移动。

创建目标摄像机。在菜单栏中选择"创建>摄像机>目标摄像机"命令，即可创建目标摄像机，如图3-38所示。在工具栏中按住"摄像机"图标并拖动鼠标，在其下拉列表中选择"目标摄像机"选项，也可创建目标摄像机，如图3-39所示。

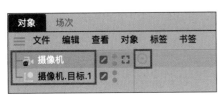
图3-37

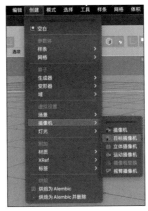
图3-38

图3-39

3.2.3 运动摄像机

运动摄像机可以模拟手持摄像机拍摄时的晃动效果，为画面增添真实感。

创建运动摄像机。在菜单栏中选择"创建>摄像机>运动摄像机"命令，即可创建运动摄像机，如图3-40所示。在工具栏中按住摄像机图标 并拖曳，在其下拉列表中选择"运动摄像机"选项，也可创建运动摄像机，如图3-41所示。

创建完运动摄像机后，对象管理器中会出现一个"运动摄像机设置"群组，包含"路径样条""目标""运动摄像机"，其中运动摄像机的标签栏中会出现"运动摄像机"标签，如图3-42所示。

单击"运动摄像机"标签，在其属性面板中可以看到，运动摄像机的属性包含"装配""动画""动力学""运动""焦点"等，如图3-43所示。

图3-40

图3-41

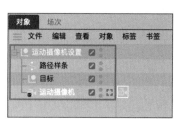
图3-42

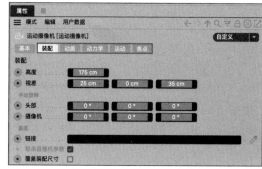
图3-43

（1）"装配"用于调整摄像机的视角。"装配"的调整都是朝向"目标"的调整，其中"摄像机"一栏从左往右依次为"R.H""R.P""R.B"，字母"R"代表旋转；"H"的英文全称为"heading"，对应y轴；"P"的英文全称为"pitch"，对应x轴；"B"的英文全称为"bank"，对应z轴。"R.H"表示沿着y轴旋转，"R.P"表示沿着x轴旋转，"R.B"表示沿着z轴旋转。

（2）"动画"用于设置摄像机的运动轨迹，这个运动轨迹能够利用样条实现。默认情况下"路径样条A"与"运动摄像机设置"群组中的"路径样条"绑定，能够通过"摄像机位置A"来确定摄像机随着样条移动的位置。在"目标"中能自定义目标点。

（3）"动力学"用于模拟人走路或者手持摄像机拍摄的晃动效果。

（4）"运动"用于设置摄像机运动的强度。在"预置"中，有多种运动预设可供用户选择。

（5）"焦点"用于调节焦距和尺寸传感器、控制景深，还能够启用自动对焦等功能。

3.3 摄像机参数设置

摄像机参数需要根据动画实际情况进行设定。在实景匹配合成的过程中，要严格与前期拍摄的摄像机进行画面匹配。

3.3.1 焦点

当光线从远处射来时，通过镜头折射，汇聚于一点，这个点被称为焦点，如图3-44所示。在画面上看到的最清晰的点就是这个画面的焦点。

在摄像机中，需要对焦点进行设置。创建摄像机，在对象管理器中单击"摄像机"图标，即可进入其属性面板，打开"对象"选项卡，通过调节"目标距离"和"焦点对象"参数来设置摄像机的焦点，如图3-45所示。

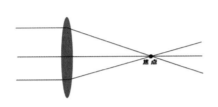

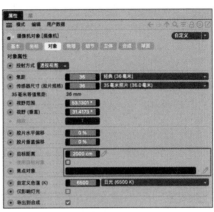

图3-44

图3-45

3.3.2 投射方式

创建摄像机，在对象管理器中单击"摄像机"图标，即可进入其属性面板，打开"对象"选项卡，调整"投射方式"使摄像机具有不同的摄像角度。Cinema 4D默认的投射方式为"透视视图"。Cinema 4D总共有14种投射方式，它们分别是"透视视图""平行""左视图""右视图""正视图""背视图""顶视图""底视图""军事视图""蛙眼视图""鸟瞰视图""绅士视图""等角视图""正面视图"，如图3-46所示。

（1）"透视视图"效果如图3-47所示。透视视图是总结归纳三维空间的表现规律，将其呈现在二维平面上的一种线性视图，也是还原真实世界观看方式的视图。

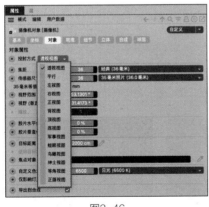

图3-46

图3-47

（2）"平行"视图效果如图3-48所示。平行视图采用平行透视，忽略近大远小的线性透视关系，没有灭点。

（3）"左视图"效果如图3-49所示。左视图是被摄主体左侧的视图。

（4）"右视图"效果如图3-50所示。右视图是被摄主体右侧的视图。

（5）"正视图"效果如图3-51所示。正视图是被摄主体正面的视图。

图3-48

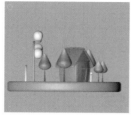
图3-49

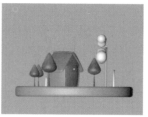
图3-50

图3-51

（6）"顶视图"效果如图3-52所示。顶视图是被摄主体正上方的视图。

（7）"底视图"效果如图3-53所示。底视图是被摄主体正下方的视图。

（8）"等角视图"效果如图3-54所示。

图3-52

图3-53

图3-54

3.3.3 传感器尺寸

传感器是摄像机中的光学感光元件。在机位保持不变的情况下，更大的传感器尺寸意味着摄像机能够获得更大的取景范围。在Cinema 4D中，有5种默认的传感器尺寸，分别是"8mm""16mm""35mm影片（22mm）""35mm照片（36mm）""70mm"。

（1）"8mm"效果如图3-55所示。当传感器尺寸为8mm时，机位保持不变的情况下，传感器接收到的画面较小，仅展现场景的局部。

（2）"35mm影片（22mm）"效果如图3-56所示。当传感器尺寸为35mm影片（22mm）时，机位保持不变的情况下，传感器能够接收到的画面接近场景全貌。

（3）"70mm"效果如图3-57所示。当传感器尺寸为70mm时，机位保持不变的情况下，传感器能够接收到更多的场景信息，呈现远景。

图3-55

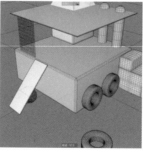
图3-56

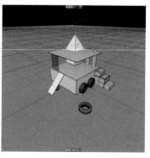
图3-57

第 4 章

材质详解

在三维模型的设计和应用中，材质设置是非常重要的一个环节，物体的物理属性都需要通过材质来表现，如颜色、纹理和光泽等。本章将对Cinema 4D的材质板块进行讲解，使读者能够了解基本的材质效果的制作方法和流程，从而发散思维，制作出更多的材质效果。

4.1 了解材质

日常生活中充满了各种各样的材质，如金属、玻璃、石头、木材等，如图4-1～图4-4所示，仔细观察这些物体，会发现有这样4个重要因素直接影响了物体的呈现效果，它们分别是时间、光照、粗糙度与反射、透明和折射。

图4-1   图4-2   图4-3   图4-4

4.1.1 时间

在日常生活中，物体都会随着时间的推移而老化或磨损。在描绘物体的属性时，要充分地考虑到这个因素，很多物体由于老化或磨损，模样会发生较大的变化，如图4-5所示。

4.1.2 光照

光照对材质的影响是非常重要的，当物体离开了光，其材质就无法表现了。同一个物体在白天的阳光下与在夜晚的月光下，呈现出的效果是不同的，如图4-6所示。

图4-5   图4-6

4.1.3 粗糙度与反射

物体表面的粗糙程度是物体重要的属性。光滑的物体表面会呈现明显的高光，如玻璃、金属和车漆等，如图4-7所示。而表面粗糙的物体，例如瓦片、砖块和橡胶等，表面则不会形成明显的高光，如图4-8所示。表面越光滑的物体，高光范围越小，亮度越高。当高光清晰度接近光源本身时，物体表面会反射出周围的环境。

图4-7   图4-8

4.1.4 透明和折射

当光线从透明的物体内部穿过时，由于物体的密度与空气密度不同，光线从空气射入物体后路径会发生偏转，这就是折射。当我们把手掌放在光源前面时，从手掌背光部分看，会出现透光现象，如图4-9所示。这种现象在三维软件中被称为"次表面散射"，除皮肤外，纸、蜡烛等物品在光的照射下也会出现这种现象。

图4-9

4.2 材质编辑器

材质编辑器用于调节材质的颜色、漫射、透明、发光和反射等属性，如图4-10所示。这些属性为用户在Cinema 4D中创建各式各样的三维模型提供了无限可能。创建一个完整的模型时，往往第一步是模型搭建，第二步是设置灯光，第三步便是赋予材质，这是为了在赋予材质之前物体能有好的灯光基础，帮助奠定整体氛围。有时灯光与材质的顺序也可以调换，这是为了在有材质的基础上，为材质适配光线。无论如何，材质能够为模型锦上添花。

创建材质球。在Cinema 4D以往的版本中，材质管理器设置在初始界面的下方，现在则被整合在对象管理器中，如果需要打开，可以在菜单栏中选择"窗口>材质管理器"命令。在材质管理器中，执行"创建>新的默认材质"命令，如图4-11所示，创建材质球。将鼠标指针移动到材质管理器空白处，双击即可快速创建默认材质球，如图4-12所示。

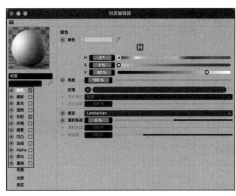

图4-10

图4-11

图4-12

材质编辑器如图4-13所示，由3部分构成，左上角为"材质预览区"，用于快速预览当前材质球的状态、颜色、透明、反射等信息，如图4-14所示。"材质预览区"的下方是"材质通道"，会显示当前材质球包含的通道信息，通过勾选来开启相应通道，如图4-15所示。右边部分为"材质通道属性面板"，用于对所选通道进行属性设置，单击对应通道的名称，材质通道属性面板会自动跳转为对应通道的属性面板，如图4-16所示。

打开材质编辑器的方法有两种，在材质管理器中单击材质球，并打开"编辑"菜单，选择"材质编辑器"，如图4-17所示；或双击材质球快速打开材质编辑器。在单击材质球后，属性管理器中会出现材质球的相关属性，可在其中进行相应的调整，如图4-18所示。若要在属性面板中调整材质属性，则需要在"基本"选项卡下勾选需要设置的材质属性，此时所勾选的属性将会以选项卡的形式出现在属性管理器中，如图4-19所示。

图4-13

图4-14

图4-15

图4-16

图4-17

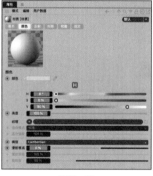

图4-18

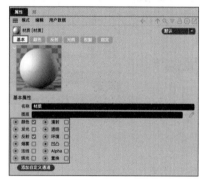

图4-19

4.2.1 颜色通道

颜色通道用于设置材质的表面色彩。

（1）"颜色"用于设置材质的颜色，可以通过下方的颜色工具进行选择，默认颜色模式为"HSV"，用户可以根据需要选择其他颜色模式，用以拾取颜色，例如"RGB"或"KT"等，如图4-20所示。

（2）"亮度"用于设置材质的明度。亮度越高，色彩明度越高；亮度越低，色彩明度越低，如图4-21所示。

（3）"纹理"在Cinema 4D中是十分常用的功能。在颜色中，用户可以通过单击"纹理"旁的 图标添加纹理，也可单击右侧的 图标通过文件加载纹理，如图4-22所示。

（4）"混合模式"用于调节纹理与颜色的混合模式。添加纹理后，材质预览区将显示纹理而不显示颜色，这时需要设置混合模式，包含"标准""添加""减去""正片叠底"4种，如图4-23所示。

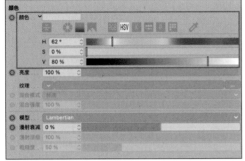

图4-20

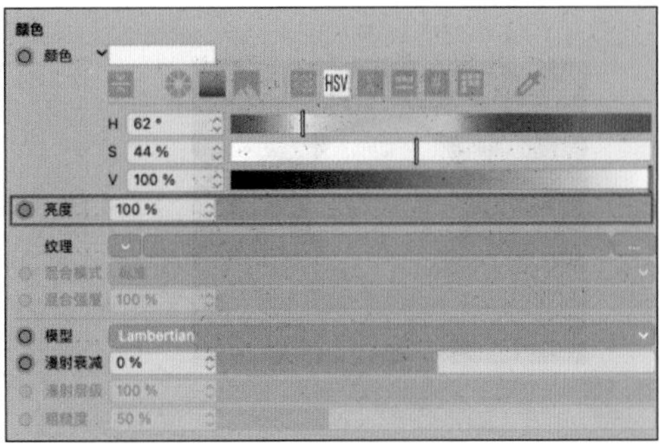

图4-21

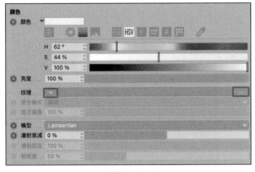

图4-22

图4-23

（5）"混合强度"用于设置混合模式的强度，如图4-24所示。

（6）"模型"分为2种："Lambertian"和"Oren-Nayer"。Lambertian适用于平滑材质的表面，Oren-Nayer适用于粗糙材质的表面，如图4-25所示。

图4-24

图4-25

（7）"粗糙度"用于匹配模型粗糙程度。模型的粗糙度发生变化，模型表面的颜色会受到相应的影响。

4.2.2 发光通道

发光通道用于设置材质的发光属性，如图4-26所示。

（1）"颜色"用于设置材质的发光颜色，可以通过颜色工具进行选择，默认颜色模式为"HSV"，也可以选择其他的颜色模式拾取颜色，例如"RGB"或"KT"等。另外，利用"色轮"工具也可以快速选择所需颜色。

（2）"亮度"用于设置材质的发光强度。亮度越高，发光强度越高；亮度越低，发光强度越低。

（3）"纹理"用于给模型添加纹理。单击"纹理"旁的 ▣ 图标可以给模型添加纹理。在表现"次表面散射"等外观时需要使用该功能。

（4）"混合模式"用于调节纹理与发光颜色的混合模式。添加纹理后，材质预览区将显示纹理而不显示颜色，这时需要设置混合模式，包含"标准""添加""减去""正片叠底"4种，其混合强度能够通过"混合强度"进行调整，如图4-27所示。

图4-26

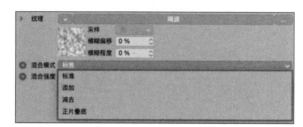

图4-27

4.2.3 透明通道

透明通道用于设置材质的透明属性，如图4-28所示。

（1）"颜色"用于调节透明材质的颜色。

（2）"亮度"用于调节透明材质的颜色明度。

（3）"折射率预设"用于选择常用材质的折射率，包含"啤酒""钻石""翡翠""乙醇""玻璃""玉石""牛奶""珍珠"等类型，如图4-29所示。

（4）"折射率"是指光在真空中的传播速度与光在介质中的传播速度之比。折射率越高，光线穿过介质的折射程度越强。

（5）"全内部反射"用于设置光在材质内部是否进行反射。若未启用该选项，材质内部将不进行反射。Cinema 4D默认启用该选项。

图4-28　　　　　　　图4-29

（6）"双面反射"用于设置光在材质边缘是否进行反射。

（7）"菲涅耳反射率"是指多边形模型对象发生菲涅耳反射的程度。视线越垂直于物体，反射程度越弱。当视线不垂直于物体时，视线与物体受视线观察的平面夹角越小，反射程度越强。例如，站在水里低头观看时，透过水面可以看见水中的鹅卵石，抬头远望时，只能看见水面上倒映的环境画面，看不见鹅卵石。视线与水面的夹角越小，则水面上倒映出的环境画面越明显。

（8）"模糊"用于显示透明材质内部以呈现模糊状态。

（9）"采样精度"用于设置模糊的采样精度。

4.2.4 凹凸通道

凹凸通道用于设置材质的凹凸属性。对模型而言，凹凸仅仅是作为显示效果，能让人从视觉上感受到物体是凹凸的，但实际并不影响模型本身，如图4-30所示。

（1）"强度"用于设置材质的凹凸程度，强度越大，凹凸程度越高；当数值为负时，材质向内凹陷。数值为0时基本无凹凸效果。

（2）"MIP衰减"用于修正摄像机下的凹凸效果。

（3）"纹理"用于为材质添加纹理。

图4-30

4.3 材质制作案例

在Cinema 4D中，模拟环境的方法有很多，在接下来的案例中，将使用HDR（High Dynamic Range，高动态范围）贴图的方式来模拟环境。HDR贴图记录了环境的光照信息，常见的HDR贴图如图4-31和图4-32所示。

图4-31

图4-32

4.3.1 实战案例：金属材质制作

金属材质的制作，对环境和灯光的要求会更高一些。在日常生活中，金属材质会清晰地反射周围的环境，良好的环境会使金属材质的效果变得更加出众，案例效果如图4-33所示。

图4-33

	资源位置	
素材文件	素材文件>CH04>5 案例：金属材质制作	
实例文件	实例文件>CH04>5 案例：金属材质制作.c4d	
技能掌握	掌握在Cinema 4D中制作金属材质的方法	

微课视频

操作步骤

1. 创建锁链模型

（1）创建圆环。在工具栏中按住"立方体"图标并拖动鼠标，在其下拉列表中选择"圆环面"选项，如图4-34所示，创建圆环。在属性管理器中调整圆环参数，将"圆环半径"设置为150cm，"导管半径"设置为35cm，如图4-35所示。

图4-34

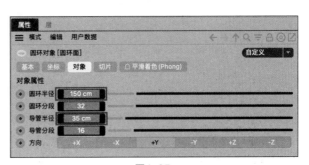

图4-35

（2）将圆环转化为可编辑对象。在操作视窗中选中"圆环"模型，单击鼠标右键，在弹出的快捷菜单中选择"转为可编辑对象"命令（快捷键为"C"），如图4-36所示。

（3）调整圆环形态。在操作视窗中选中"圆环"模型，在工具栏中选择"缩放"工具，拖动圆环*x*轴向上的方块操纵手柄，将圆环沿*x*轴向收缩40%，如图4-37所示。

（4）复制圆环。将圆环复制4份，利用工具栏中的"旋转"和"移动"工具将它们移动到合适位置，如图4-38所示。

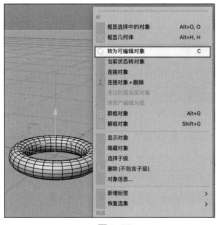
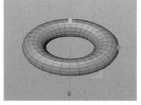

图4-36　　　　　　　　　　　图4-37　　　　　　　　　　　图4-38

2. 创建背景模型

（1）创建球体。在工具栏中按住"立方体"图标📦并拖动鼠标，在其下拉列表中选择"球体"选项，如图4-39所示，创建球体。

（2）创建半球体。在对象管理器中单击"球体"，进入属性管理器，将"半径"设置为1000cm，"分段"设置为24，"类型"改选为"半球体"，如图4-40所示。

（3）调整球体位置。单击"球体"，利用工具栏中的"移动"工具将"半球体"放在合适的位置，如图4-41所示。

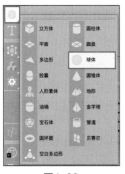

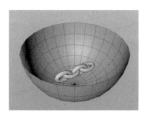

图4-39　　　　　　　　　　　图4-40　　　　　　　　　　　图4-41

3. 创建并设置天空

（1）创建天空。在右侧工具栏中，单击"天空"工具即可创建天空，如图4-42所示。

（2）创建天空材质。在材质管理器中，双击材质管理器面板的空白部分，即可快速创建默认材质球，如图4-43所示。双击默认材质球可快速进入材质编辑器。勾选"发光"并取消勾选"颜色"和"反射"复选框，如图4-44所示。

（3）设置天空材质。在材质管理器中，单击"发光"以打开"发光"选项卡。单击"纹理"

旁的 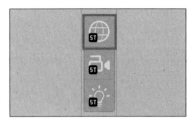 图标，打开下拉列表，选择"加载图像"选项，如图4-45所示，选择"天空HDR.exr"，并将材质球拖曳至天空对象中，此时，对象管理器的"天空"标签栏中将出现带有天空HDR贴图的材质球图标，如图4-46所示。

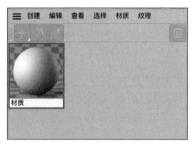

图4-42　　　　　　　　　　　　图4-43　　　　　　　　　　　　图4-44

图4-45　　　　　　　　　　　　　　图4-46

4. 创建并设置金属材质

（1）创建默认材质球，打开其材质编辑器，在只保留反射通道的情况下，将材质球的"类型"模式更改为"GGX"。"GGX"适合表现金属质感，在制作金属材质效果时，建议使用该类型，如图4-47所示。

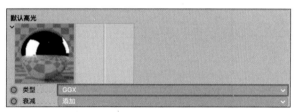

图4-47

（2）调整金属材质。在材质管理器中，设置"粗糙度"为0%，"反射强度"为100%，"高光强度"为29%，如图4-48所示。在"层菲涅耳"选项栏中，将"菲涅耳"设置为"导体"，"预置"设置为"金"，如图4-49所示。

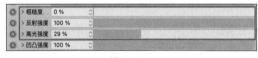

图4-48　　　　　　　　　　　　　　图4-49

（3）将"金属材质"赋予锁链模型，如图4-50所示。

5. 调节渲染设置

（1）单击顶部工具栏中的"编辑渲染设置"图标，如图4-51所示。

（2）修改渲染设置，将输出的图像分辨率改为1920像素×1080像素，如图4-52所示。

图4-50

（3）设置渲染的输出路径。勾选"渲染设置"窗口左侧的"保存"复选框，调用保存参数面板，将输出格式设置为"JPG"，并在"文件"文本框中设置保存路径，如图4-53所示。

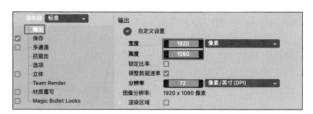

图4-51

图4-52

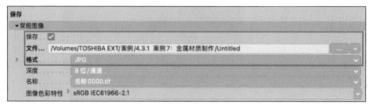

图4-53

（4）将"抗锯齿"设置为"最佳"，如图4-54所示。

（5）单击"渲染设置"窗口左下角的"效果"按钮，在弹出的下拉列表中选择"全局光照"选项，如图4-55所示。

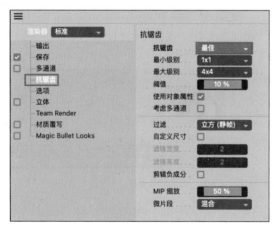

图4-54

图4-55

（6）调整全局光照效果，将"预设"设置为"外部-HDR图像"，如图4-56所示。

（7）单击顶部工具栏的"渲染到图像查看器"按钮 ，如图4-57所示，进行最终输出。最终效果如图4-58所示。

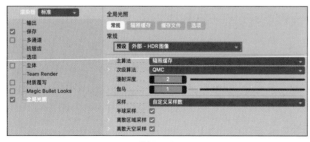

图4-56

图4-57

图4-58

4.3.2 实战案例：塑料材质制作

塑料材质较金属材质而言，其表面反射程度并不是很强烈。在现实生活中，塑料虽然多种多样，但万变不离其宗，用户可以根据各类塑料材质的特质，对软件参数进行修改，从而得到不同的塑料材质。下面的案例将讲解透明塑料与非透明塑料的制作方法，最终效果如图4-59所示。

图4-59

资源位置	
素材文件	素材文件>CH04>6 案例：塑料材质制作
实例文件	实例文件>CH04>6 案例：塑料材质制作.c4d
技能掌握	掌握在Cinema 4D中制作塑料材质的方法

微课视频

操作步骤

1. 主体模型建模

在素材文件中找到实例文件"6案例：塑料材质制作.c4d"并打开。文件中整个场景已搭建完成，现需要用户为场景中的各个模型创建材质。

2. 创建并设置塑料材质

（1）创建材质。新建一个材质模型，进入材质编辑器，勾选"反射"复选框。打开"反射"选项卡，将"类型"更改为"Beckmann"，"粗糙度"设置为50%，"反射强度"设置为20%，"高光强度"设置为20%，"菲涅耳"设置为"绝缘体"，"预置"设置为"聚酯"，如图4-60所示。

（2）改变材质的颜色。将材质的颜色参数"H"更改为199°，"S"更改为58%，"V"更改为80%，如图4-61所示。

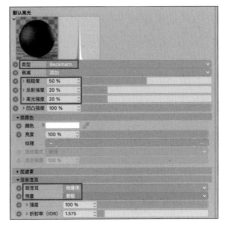
图4-60

（3）将材质赋予"底座立方"和"立方盖子"，如图4-62所示。

（4）复制材质，将颜色参数"H"设置为199°，"S"设置为4%，"V"设置为88%，如图4-63所示，再将颜色参数赋予"中间立方"和"底座立方"。

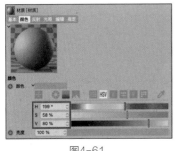
图4-61

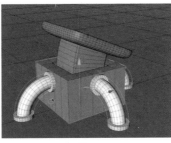
图4-62

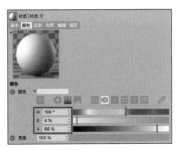
图4-63

（5）创建透明塑料。复制蓝色塑料材质，在"反射"选项卡中将"菲涅耳"设置为"绝缘体"，"预置"设置为"有机玻璃"，如图4-64所示。在"透明"选项卡中，将"模糊"设置为20%，如图4-65所示。在"发光"选项卡中，单击"纹理"右侧的 图标，在其下拉列表中选择"效果>次表面散射"选项，如图4-66所示。

图4-64　　　　　　　　图4-65　　　　　　　　图4-66

（6）设置次表面散射。单击"次表面散射"选项以进入着色器属性面板，将"预置"改为"牛奶（全脂）"，如图4-67所示。

（7）打开"多通道"选项卡，勾选"快速评估"复选框。打开"单次"选项卡，勾选"启用"复选框，将"相位函数"设置为-0.3，"采样细分"设置为4，如图4-68所示。

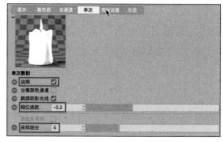

图4-67　　　　　　　　　　　　　图4-68

（8）在"颜色"选项卡中，将蓝色赋予材质，将颜色参数"H"调整为197°，"S"调整为63%，"V"调整为92%，如图4-69所示。

图4-69

3. 创建天空并赋予材质

（1）在"发光"选项卡中，将"亮度"设置为95%。在"透明"选项卡中，将"亮度"设置为98%，将该材质赋予管道模型。

（2）创建并设置天空。在右侧工具栏中，单击"天空"工具即可创建天空。取消勾选"颜色"和"反射"复选框，勾选"发光"复选框，如图4-70所示，将其"亮度"设置为50%，再将该材质赋予创建的天空。

图4-70

4.　调节渲染设置并优化灯光

（1）更改渲染器。单击工具栏中的"编辑渲染设置"图标，在
"渲染设置"窗口中，将"渲染器"改选为"物理"，并勾选"全局光
照"复选框，如图4-71所示。

（2）创建摄像机。单击右侧工具栏中的"摄像机"图标，或在
菜单栏中执行"创建>摄像机>摄像机"命令，即可创建摄像机。调整
摄像机视图，对其进行渲染，如图4-72所示。

（3）创建区域光。在右侧工具栏中，按住"灯光"图标并拖
动鼠标，在其下拉列表中选择"区域光"选项，即可创建区域光。调
节区域光位置和大小后的效果如图4-73所示。

图4-71

（4）渲染后的最终效果如图4-74所示。

| 图4-72 | 图4-73 | 图4-74 |

4.3.3　实战案例：玻璃材质制作

创建玻璃材质是容易的，但是想要表现好玻璃材质却是较为困难的。玻璃
材质既透光，也反射光，对环境及光照条件的要求极为苛刻。杂乱无章的环
境和光线极易在玻璃表面产生反射，从而影响玻璃质感，这一点与金属的反
射相似。除此之外，玻璃制作的过程中还会涉及"焦散"等属性的调控。本案
例将教大家如何制作玻璃材质，最终效果如图4-75所示。

图4-75

资源位置

素材文件	素材文件>CH04>7 案例：玻璃材质制作
实例文件	实例文件>CH04>7 案例：玻璃材质制作.c4d
技能掌握	掌握在Cinema 4D中制作玻璃材质的方法

微课视频

操作步骤

1.　无影背景建模

（1）创建立方体。在菜单栏中选择"创建>网格>立方体"命令，即可在操作视窗中创建立
方体初始模型。或在右侧工具栏中单击"立方体"图标，也可创建立方体。在其属性管理器
中，对立方体参数进行调整，将"尺寸.X"设置为2cm，"尺寸.Y"设置为200cm，"尺寸.Z"设
置为200cm，"分段Y"设置为30，如图4-76所示。

（2）创建"弯曲"变形器。在右侧工具栏中，单击"弯曲"图标即可创建"弯曲"变形器。
在对象管理器中，将"弯曲"作为"立方体"的子级，如图4-77所示。在属性管理器中，单击"匹
配到父级"按钮，并将"强度"设置为90°，如图4-78所示。

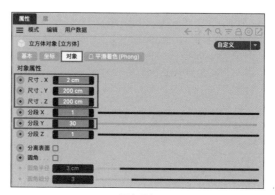

图4-76

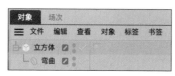

图4-77

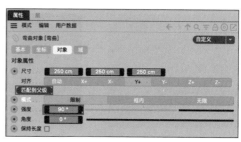

图4-78

（3）完成上述操作后，效果如图4-79所示。对立方体的参数进行调整，将"尺寸.X"设置为2cm，"尺寸.Y"设置为500cm，"尺寸.Z"设置为200cm，如图4-80所示。

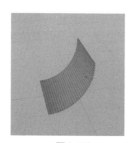

图4-79

图4-80

2. 玻璃球建模

（1）创建球体模型。在工具栏中按住"立方体"图标并拖动鼠标，在其下拉列表中选择"球体"选项，创建球体模型，如图4-81所示。

（2）调整球体参数。在其属性管理器中，将"半径"设置为20cm，如图4-82所示。

（3）调整球体位置。利用"移动"工具将球体移动到合适的位置，如图4-83所示。

图4-81

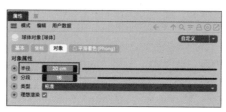

图4-82

图4-83

3. 创建摄像机

（1）创建摄像机。在右侧工具栏中，单击"摄像机"图标以创建摄像机。在其对象管理器中，单击"摄像机"标签栏中的图标，可进入摄像机视图，如图4-84所示。

（2）调节摄像机参数。在属性管理器中，将"焦距"设置为80，如图4-85所示。再将摄像机移动到合适的位置，如图4-86所示。

图4-84

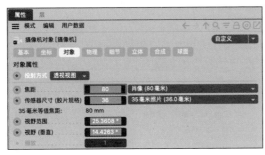

图4-85

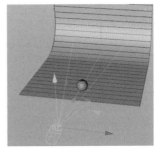

图4-86

4. 创建玻璃材质

（1）创建玻璃材质。在材质管理器中创建默认材质，并进入材质编辑器，仅保持"透明"与"反射"复选框处于勾选状态，打开"透明"选项卡，将"折射率预设"设置为"玻璃"，如图4-87所示。修改玻璃的颜色参数，将"H"修改为179°，"S"修改为26%，"V"修改为100%，如图4-88所示。

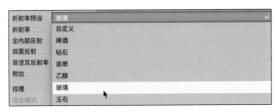

图4-87

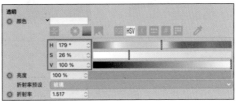

图4-88

（2）打开"反射"选项卡，将"类型"修改为"GGX"，"粗糙度"设置为40%，"反射强度"设置为10%，"高光强度"设置为20%，如图4-89所示。将"菲涅耳"设置为"绝缘体"，"预置"设置为"玻璃"，如图4-90所示。

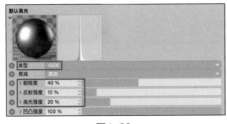

图4-89

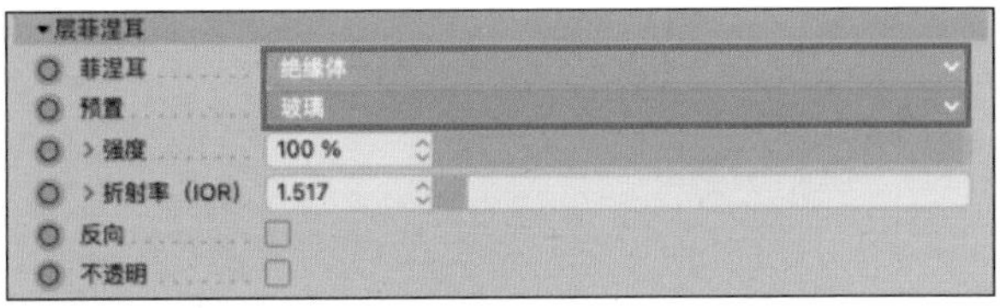

图4-90

（3）将创建的玻璃材质赋予球体模型，在对象管理器的标签栏中，"球体"对应的标签栏中将出现透明玻璃材质图标，如图4-91所示。

图4-91

5. 设置灯光

（1）创建并调节主光源。在工具栏中按住"灯光"图标 💡 并拖动鼠标，在其下拉列表中选择"目标聚光灯"选项。在其对象管理器中，将生成"灯光"和"灯光.目标.1"对象。在操作视窗中，将"灯光"和"灯光.目标.1"移动到合适的位置，如图4-92所示。在属性管理器中，将"投影"设置为"阴影贴图（软阴影）"，通过摄像机看到的玻璃效果如图4-93所示。

（2）创建并调节修饰光。在工具栏中按住"灯光"图标 💡 并拖动鼠标，在其下拉列表中选择"区域光"选项，并调节其参数。在"常规"选项卡中，将"强度"设置为90%，如图4-94所示。

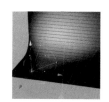

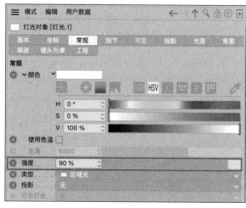

图4-92　　　　　　　图4-93　　　　　　　　　　　　图4-94

（3）在"细节"选项卡中，勾选"反射可见"复选框，如图4-95所示。

（4）在灯光属性管理器的"工程"选项卡中，将作为无影背景的立方体模型拖动到"排除"模式下的"对象"属性框中，以排除区域光对背景的影响，如图4-96所示。

（5）完成上述操作后，效果如图4-97所示。

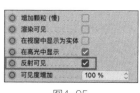
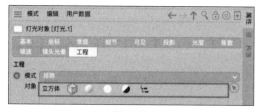

图4-95　　　　　　　　　　图4-96　　　　　　　　　　图4-97

6. 渲染设置

（1）编辑渲染设置。单击工具栏中的"编辑渲染设置"图标 ，在"渲染设置"窗口中勾选"保存"复选框，并设置保存的路径及格式，然后勾选"全局光照"复选框，如图4-98所示。

（2）优化场景。在现有场景中，根据光线和模型对象所在位置以及场景制作的实际情况，对灯光位置、灯光强度和模型位置进行细微调整，使材质在灯光下有更好的表现，从而使现有的场景得到优化，最终效果如图4-99所示。

图4-98

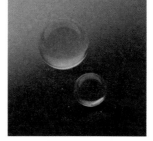

图4-99

4.4　纹理标签

纹理标签适用于为模型对象添加纹理的标签。例如，需要为一个饮料瓶贴上包装纸与标签，此时纹理标签将发挥作用。在本节中，将讲解纹理贴图的设置方法，以及如何将贴图纹理调整到合适的位置。

在对象管理器中，单击"材质标签"，属性管理器中就会出现一系列用于调整纹理的属性，如"投射""投射显示""平铺选项""UV偏移"等。

在材质编辑器中，勾选"颜色"复选框，如图4-100所示。在颜色属性面板中，单击"纹理"旁的图标，在其下拉列表中选择所需的纹理类型或选择"加载图像"选项，以自定义纹理，如图4-101所示。

图4-100

图4-101

4.4.1　投射选项

投射选项用于设置贴图的投射类型，使贴图能够合理地贴合在模型表面，如图4-102所示。在对象管理器中，勾选"材质"复选框，其属性管理器中就会出现"投射"和"投射显示"属性，如图4-103所示。

图4-102

图4-103

"投射"用于设置投射类型，其下拉列表中有多种投射方式供选择，包括"球状""柱状""平直""立方体""前沿""空间""UVW贴图""收缩包裹""摄像机贴图"等，如图4-104所示。

（1）"球状"用于给球体类的模型添加贴图，如图4-105所示。

（2）"柱状"用于给柱状体类的模型添加贴图，如图4-106所示。

（3）"平直"用于给平直的模型表面添加贴图，在多种情况下均可使用，如图4-107所示。

（4）"立方体"用于为立方体类的模型添加贴图，如图4-108所示。

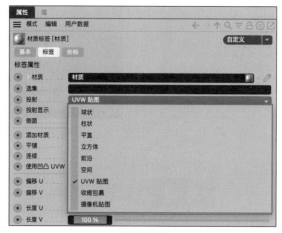

图4-104

图4-105

图4-106

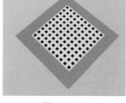
图4-107

图4-108

（5）"摄像机贴图"在贴图属性中可以链接摄像机，贴图方向永远朝向摄像机，如图4-109所示。可以观察到，这些模型虽然大小不一、空间错落，但是呈现在摄像机镜头前的贴图画面总是一致的。

图4-109

4.4.2 混合纹理选项

混合模式用于调节纹理与颜色的混合模式。添加纹理后，材质预览区将显示纹理而不显示颜色。混合模式有"标准""添加""减去""正片叠底"4种，其混合强度通过"混合强度"选项进行调整，如图4-110所示。

（1）"标准"是一种浅显易懂的模式，将"纹理"和"颜色"按层与层关系上下叠加，可利用"混合强度"调整上一层的不透明度，从而改变混合强度。将黑白棋盘纹理赋予立方体模型，将"混合强度"设置为50%，所得效果如图4-111所示。

（2）"添加"用于将颜色和纹理贴图各个像素点的颜色以RGB数值形式相加。例如"R：1，G：2，B：2"＋"R：254，G：253，B：253"＝"R：

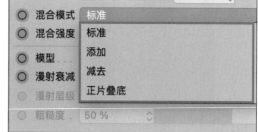

图4-110

255，G：255，B：255"，最后像素点的颜色为白色，效果如图4-112所示。RGB色彩中的每个参数值最大为255。

（3）"减去"的原理和"添加"的原理相同。运算方式变为纹理RGB减去颜色RGB，例如，颜色设置为"黄色"，纹理为黑白"棋盘"，最后两者相减，效果如图4-113所示。

（4）"正片叠底"是将RGB颜色以二进制形式相乘。可以简单地理解为：保留纹理深色部分，去掉纹理浅色部分。若将颜色设置为黄色，纹理为黑白棋盘，使用"正片叠底"后的效果如图4-114所示。

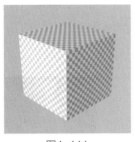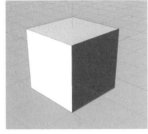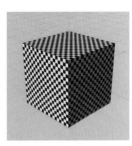

图4-111　　　　　图4-112　　　　　图4-113　　　　　图4-114

4.4.3　平铺选项

在对象管理器中，勾选"材质"复选框，属性管理器中就会出现"平铺"选项，如图4-115所示。平铺用于复制间断的纹理贴图，从而得到首尾相连、贴图不间断的效果。勾选"平铺"复选框前的效果如图4-116所示，勾选"平铺"复选框后的效果如图4-117所示。

在属性管理器中，可以调节"平铺"的参数，即"平铺U"和"平铺V"，如图4-118所示。

图4-115　　　　　图4-116　　　　图4-117　　　　　　图4-118

4.4.4　UV偏移

UV偏移用于调整贴图的位置、拉伸程度、平铺连续程度和数量，如图4-119所示。

（1）"偏移U/V"用于调整贴图在U、V两个方向上的偏移程度，以改变贴图在模型上的位置，偏移前后的效果分别如图4-120和图4-121所示。

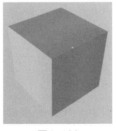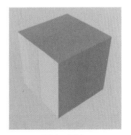

图4-119　　　　　　　图4-120　　　　　图4-121

（2）"长度U/V"用于设置贴图长与宽的缩放程度，缩放前后的效果分别如图4-122和图4-123所示。

（3）"重复U/V"用于设置平铺贴图数量，仅在勾选"平铺"复选框后生效。将"重复U"设置为1时，效果如图4-124所示。将"重复U"设置为3时，效果如图4-125所示。

图4-122

图4-123

图4-124

图4-125

4.4.5 实战案例：模型贴图案例

本案例将利用纹理贴图来制作酒瓶效果。打开贴图后，用户需要调整贴图的位置和大小，使得纹理贴图能够贴合瓶身。本案例的素材文件已经对灯光及其背景部分完成设置，此时仅需要用户对模型的贴图部分进行制作，制作后的最终效果如图4-126所示。

图4-126

资源位置

素材文件	素材文件>CH04>8 案例：模型贴图案例
实例文件	实例文件>CH04>8 案例：模型贴图案例.c4d
技能掌握	掌握Cinema 4D中的纹理贴图方法

微课视频

操作步骤

1. 创建纹理贴图材质

（1）打开场景，"瓶身"为白模，在场景中设置好灯光、背景等，如图4-127所示。

（2）创建材质。在菜单栏中选择"窗口>材质管理器"命令，打开材质管理器。在材质管理器中，双击空白区域即可快速创建材质，将创建好的材质命名为"纹理贴图"，如图4-128所示。

（3）设置纹理贴图材质。双击"纹理贴图"材质球，打开材质编辑器。在材质编辑器中，打开"颜色"选项卡，进入属性面板。在"颜色"属性中，单击"纹理"旁的 图标，打开下拉列表，选择"加载图像"选项，如图4-129所示。在弹出的窗口中，选择素材中的图像，单击"确定"按钮。在新弹出的窗口中，单击"是"按钮，如图4-130所示。

图4-127

图4-128

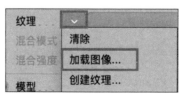
图4-129

图4-130

（4）设置材质属性。打开"反射"选项卡，进入其属性面板。将"类型"设置为"Beckmann"，"粗糙度"设置为16%，"反射强度"设置为13%，如图4-131所示。

（5）赋予纹理贴图材质。在操作视窗中，进入"面"模式，选择"循环选择"工具，在"瓶身"对象上选择瓶子包装贴图的面，按住"Shift"键，同时选中多个面，如图4-132所示。在材质管理器中，将"纹理贴图"拖曳到该区域，为所选面添加贴图，如图4-133所示。

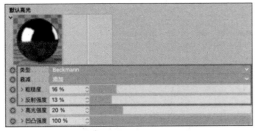
图4-131

图4-132

图4-133

（6）调整纹理贴图的参数。在对象管理器中，单击"材质"标签，进入其属性面板，查看材质贴图属性，如图4-134所示。在属性面板中，将"投射"设置为"柱状"，如图4-135所示。

（7）调整柱状投射。单击操作视窗顶部的"纹理"图标，如图4-136所示，启用"纹理模式"，此时画面将出现"圆柱体"投射。利用"缩放"工具使圆柱体基本贴合瓶身，如图4-137所示。

图4-134

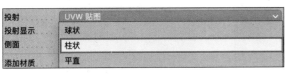
图4-135

图4-136

图4-137

2. 创建瓶身材质

（1）创建材质。在材质管理器中，双击空白区域即可快速创建材质球，将其命名为"瓶身"，如图4-138所示。

（2）设置材质属性。双击"瓶身"，进入材质编辑器。单击"反射"标签，进入其属性面板，将"类型"设置为"GGX"，"粗糙度"设置为16%，"反射强度"设置为13%，如图4-139所示。

图4-138

（3）设置材质颜色。单击"颜色"标签，进入其属性面板。将颜色参数"H"设置为37°，"S"设置为100%，"V"设置为79%，如图4-140所示。

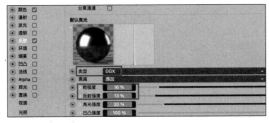
图4-139

图4-140

（4）选择要赋予材质的面，进入"面"模式，在对象管理器中，双击"瓶身"后的"多边形选集"标签,如图4-141所示。该标签用于限制贴图的范围。在菜单栏中选择"选择>反选"命令,如图4-142所示。此时已完成除贴图面外的其他部分,如图4-143所示。将"瓶身"材质赋予所选部分,效果如图4-144所示。

最终效果如图4-145所示。

图4-141

图4-142

图4-143

图4-144

图4-145

4.5 实战案例:材质效果综合训练

在前面的学习过程中,读者已经对"塑料""玻璃""金属"这3种基本材质有了基本的了解。本节案例将会利用多边形建模成果进行创作,继续深入了解Cinema 4D的制作流程,最终效果如图4-146所示。

图4-146

资源位置

素材文件	素材文件>CH04>9 案例:材质效果综合训练
实例文件	实例文件>CH04>9 案例:材质效果综合训练.c4d
技能掌握	掌握在Cinema 4D中制作材质组合的方法

微课视频

操作步骤

（1）创建玻璃材质。打开场景文件，在材质管理器中创建材质球，将其命名为"玻璃"。双击材质球，进入材质编辑器，如图4-147所示。在材质编辑器中，取消勾选"颜色"复选框，勾选"透明"复选框。打开"颜色"选项卡，将颜色参数"H"设置为179°，"S"设置为53%，"V"设置为100%，如图4-148所示。

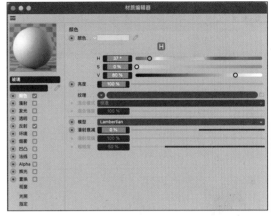
图4-147

（2）设置玻璃材质。打开"反射"选项卡，在其属性面板中，将"类型"设置为"Beckmann"，如图4-149所示。将"粗糙度"设置为36%，"反射强度"设置为3%，如图4-150所示。在"层菲涅耳"选项栏中，将"菲涅耳"设置为"绝缘体"，"预置"设置为"玻璃"，如图4-151所示。

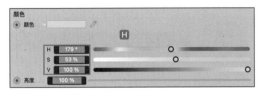
图4-148

图4-149

图4-150

图4-151

（3）制作毛玻璃材质。在材质管理器中，复制玻璃材质，将复制体重命名为"毛玻璃"，如图4-152所示。在材质编辑器中，打开"透明"选项卡，在其属性面板中，将"模糊"设置为20%，如图4-153所示。

图4-152

图4-153

（4）制作底座材质。在材质管理器中创建新材质，双击该材质快速进入材质编辑器。在材质编辑器中，打开"颜色"选项卡，将颜色参数"H"设置为178°，"S"设置为76%，"V"设置为86%，如图4-154所示。打开"反射"选项卡，在其属性面板中将"类型"设置为"GGX"，"粗糙度"设置为50%，"反射强度"设置为35%，如图4-155所示。在"层菲涅耳"选项栏中，将"菲涅耳"设置为"绝缘体"，"预置"设置为"聚酯"，如图4-156所示。

图4-154

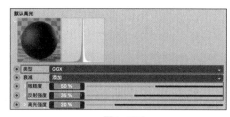

图4-155

图4-156

（5）创建楼梯材质。在材质管理器中创建材质，双击该材质进入材质编辑器。打开"反射"选项卡，在其属性面板中将"类型"设置为"GGX"，"粗糙度"设置为15%，"反射强度"设置为40%，如图4-157所示。在"层菲涅耳"选项栏中，将"菲涅耳"设置为"绝缘体"，"预置"设置为"玉石"，如图4-158所示。

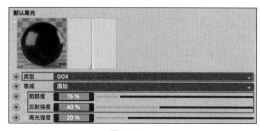

图4-157

图4-158

（6）创建立柱材质。在材质管理器中，复制楼梯材质，将复制后的材质重命名为"立柱"，双击"立柱"进入其材质编辑器。打开"颜色"选项卡，对颜色进行设置，用户可根据喜好自行调节，此处将颜色参数"H"设置为61°，"S"设置为91%，"V"设置为87%，如图4-159所示。

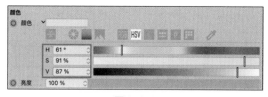

图4-159

（7）创建轮胎材质。在材质管理器中创建新材质，将其命名为"轮胎"，双击该材质进入其材质编辑器。打开"反射"选项卡，将"类型"设置为"Beckmann"，将"粗糙度"设置为59%，"反射强度"设置为0%，如图4-160所示。在"层菲涅耳"选项栏中，将"菲涅耳"设置为"绝缘体"，"预置"设置为"聚酯"，如图4-161所示。打开"颜色"选项卡，将颜色参数"H"设置为0°，"S"设置为37%，"V"设置为97%，如图4-162所示。

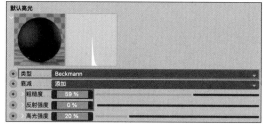

图4-160

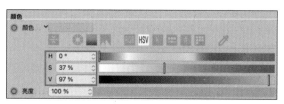

图4-161

图4-162

（8）创建斜梯材质。复制轮胎材质，并将复制体重命名为"斜梯"，更改其颜色参数，将

"H"设置为56°，"S"设置为25%，"V"设置为97%，如图4-163所示。

此时全部所需材质已创建完成，如图4-164所示。

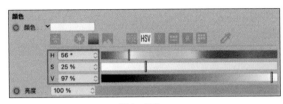

图4-163

图4-164

（9）赋予模型材质。在材质管理器中，将材质赋予相应的模型，完成后效果如图4-165所示。

（10）创建天空。在视窗右侧的工具栏中，单击"天空"图标即可创建天空，如图4-166所示。

（11）创建天空材质。在材质管理器中，双击材质管理器面板空白部分，即可快速创建默认材质球，如图4-167所示。双击默认材质球快速进入材质编辑器，勾选"发光"复选框，取消勾选"颜色"和"反射"，如图4-168所示。

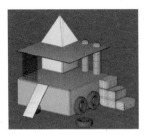

图4-165

图4-166

图4-167

图4-168

（12）设置天空材质。在材质管理器中，打开"发光"选项卡。单击"纹理"旁的 图标，在其下拉列表中选择"加载图像"选项，如图4-169所示。在弹出的加载目录中选择"天空HDR.exr"，并将材质球拖曳至天空对象，如图4-170所示。利用"旋转工具"将天空旋转到合适的角度。

（13）编辑渲染设置。在顶部工具栏中，单击"编辑渲染设置"按钮 ，如图4-171所示。

图4-169

图4-170

图4-171

（14）设置渲染的输出属性，将输出的图像分辨率改为1920像素×1080像素，如图4-172所示。

（15）设置渲染的输出路径，使用"JPG"格式进行输出，如图4-173所示。

（16）设置"抗锯齿"选项，将"抗锯齿"设置为"最佳"，如图4-174所示。

图4-172

图4-173

图4-174

（17）单击"效果"按钮，在弹出的列表中选择"全局光照"选项，如图4-175所示。

（18）调整全局光照效果，设置"预设"为"外部-HDR图像"，如图4-176所示。

图4-175

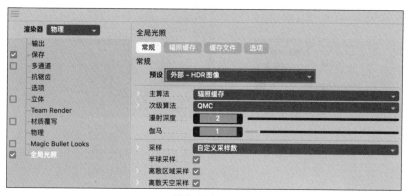

图4-176

（19）单击顶部的"渲染到图像查看器"图标，进行渲染输出，如图4-177所示。最终效果如图4-178所示。

图4-177

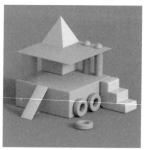

图4-178

第 5 章

灯光详解

灯光是画面中十分重要的一部分，运用好灯光对画面整体质感的提升至关重要，如图5-1所示。灯光能够帮助电影和电视剧塑造人物形象、提升场景质感等，在三维模型制作中更是如此。灯光知识不仅可以运用在c4d中，也适用于现实生活中的拍摄，如图5-2所示。

图5-1

图5-2

5.1 灯光类型

在c4d默认渲染器中，提供了多种灯光，包括"灯光""点光""目标聚光灯""区域光""IES灯光""无限光""日光""PBR灯光""照明工具"等，如图5-3所示。每种灯光都有各自的特性，都能创造出不一样的画面效果。c4d灯光尽可能地还原了真实世界的灯光，参数与属性都贴近真实的灯光。

在灯光属性面板中，有"基本""坐标""常规""细节""可见""投影""光度""焦散""噪波""镜头光晕""工程"11个选项卡，如图5-4所示。

在"常规"选项卡中，包含"颜色""使用色温""色温""强度""类型""投影""可见灯光""没有光照""显示光照""环境光照""显示可见灯光""漫射""显示修剪""高光""分离通道""GI照明""导出到合成"等属性，如图5-5所示。

图5-3

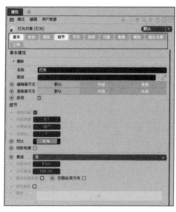

图5-4

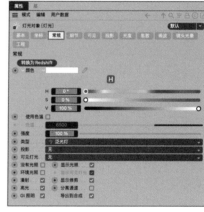

图5-5

（1）"颜色"用于调整灯光的颜色。需在下方选择框中选择合适的颜色模式（如"RGB""HSV"等）用以拾取色彩。

（2）勾选"使用色温"复选框后，即可使用色温选择颜色。

（3）"色温"指的是绝对黑体在不同温度下的色彩表现，这在之前的材质色温中讲解过，此处不赘述。色温越低，颜色越暖；色温越高，颜色越冷。

（4）"强度"用于调节灯光的光线强度，数值越高，灯光越亮；数值越低，灯光越暗。强度的调节范围是-1000~1000。"强度"值为30的图形（左）与"强度"值为100的图形（右）对比如图5-6所示。

（5）"类型"用于修改灯光类型。若在创建好灯光后，需要修改灯光类型，可在"类型"下拉列表中选择所需的灯光类型，如图5-7所示。

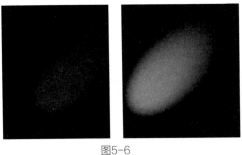

图5-6　　　　　　　　　　　　　　　　图5-7

（6）"投影"用于选择灯光的投影模式，默认为无投影。"投影"下拉列表中一共有4个选项，它们分别是"无""阴影贴图（软阴影）""光线跟踪（强烈）""区域"，如图5-8所示。"阴影贴图（软阴影）"用于使被照射对象产生柔和的阴影，如图5-9所示，利用阴影贴图的形式能够花费更少的计算机资源。"光线跟踪（强烈）"用于使被照射对象产生硬朗的阴影，如图5-10所示，相对于软阴影，光线跟踪需要更多的计算机资源；而"区域"模式下则能做到软硬阴影兼备，更符合实际情况，但也需要更多的计算机资源。

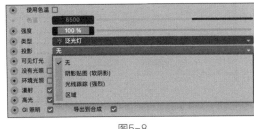

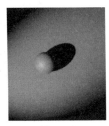

图5-8　　　　　　　　　　　图5-9　　　　　　　　图5-10

（7）"可见灯光"用于设置灯光及其光线是否可见，其下拉列表中主要有"无""可见""正向测定体积""反向测定体积"4个选项，如图5-11所示。"无"表示场景中灯光光源不可见，只能看见被其照亮的部分。"可见"表示灯光及其光束在场景中可见。"正向测定体积"表示光照在物体上能够呈现丁达尔效应，物体会遮挡部分光线，如图5-12所示。"反向测定体积"表示只有未受到光线照射的部分才会体现出体积，如图5-13所示。

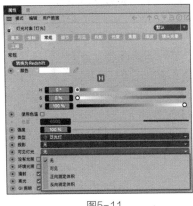

图5-11　　　　　　　　　　图5-12　　　　　　　　图5-13

（8）"显示光照"默认为勾选状态，操作视窗中会显示该灯光的光线朝向及照射范围，如图5-14所示。

（9）"显示可见灯光"在选择"可见灯光"下拉列表中的选项后默认为勾选状态，操作视窗中会显示该灯光可见部分的光线朝向及照射范围。

（10）"漫射"用于使材质发生漫射。若取消勾选"漫射"复选框，则不会漫射，且其材质自身无法获得光照，无法被照亮。

（11）"高光"用于控制对象物体的高光，默认为开启状态，取消勾选该复选框后，接受光线照射的物体对象将不会产生高光。

"细节"选项卡中包含"使用内部""内部角度""外部角度""宽高比""对比""投影轮廓""衰减""内部半径""半径衰减""着色边缘衰减""仅限纵深方向""使用渐变""颜色""近处修剪""远处修剪"等属性，如图5-15所示（图5-15中仅展示了部分属性）。

图5-14

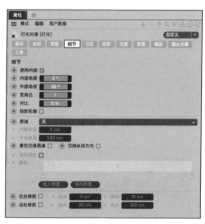

图5-15

（1）"使用内部"选项仅对聚光灯有效，启用该选项后可对聚光灯内部角度进行设置。

（2）"内部角度"可以理解为光源中心的角度。当光源中心较小时，观察其光线，光线会由内而外扩散衰减。当内部角度近似或等于外部角度时，光线边缘会变硬，得到类似舞台追光灯的效果，如图5-16所示。

（3）"外部角度"用于设置光线外部角度，外部角度越大，照射范围就越大，反之亦然，如图5-17所示。

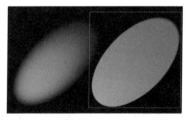

图5-16

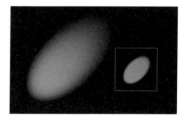

图5-17

（4）"宽高比"用于设置灯光宽高比。

（5）"衰减"用于模拟灯光光线衰减的效果，其下拉列表中包含5个选项："无""平方倒数（物理精度）""线性""步幅""倒数立方限制"，其中默认选项为"无"。当选择"无"选项时，无论灯光距离被照射物体有多远，物体都能被灯光所照亮。衰减则使灯光能够模拟真实灯光情况，使光线仅在一个范围内可见，并且光照强度随着距离增加而产生衰减。其中"平方倒数"最接近真实灯光的衰减。

（6）"远处修剪"用于修剪光照外部边缘轮廓。修剪前后对比分别如图5-19、图5-20所示。

图5-18 图5-19 图5-20

在"可见"选项卡中，一系列的调整都是基于"常规"选项卡中的"可见灯光"选项展开的。在操作前，需要保证灯光是"可见灯光"，可调属性包含"使用衰减""衰减""使用边缘衰减""散开边缘""着色边缘衰减""内部距离""外部距离""相对比例""采样属性""亮度""尘埃""抖动""使用渐变""颜色""附加""适合亮度"等，如图5-21所示。

（1）"使用衰减"用于使灯光光线产生衰减。同时将启用"内部距离"。

（2）"衰减"用于调节灯光衰减程度。

（3）"使用边缘衰减"用于使灯光光线的边缘产生衰减。

（4）"散开边缘"用于调节灯光边缘光线的衰减程度。

（5）"内部距离"用于调整光源照射的范围并设定光线衰减起点位置。

（6）"外部距离"可用于调整光源照射外部的衰减范围，外部范围越大，光束衰减范围也就越大。还可以用于设定光线衰减终点位置。

（7）"亮度"用于设置光线可见部分的亮度。

（8）"尘埃"用于模拟空气中的尘埃，数值越大，光线过渡越明显。

（9）"使用渐变"用于使光线可见部分产生渐变。

（10）"颜色"用于设置光线可见部分的渐变颜色。

"投影"选项卡中包含"投影""密度""颜色""透明""修剪改变""投影贴图""偏移""采样精度"等属性，如图5-22所示。

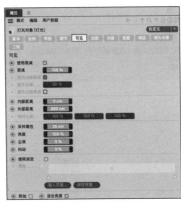

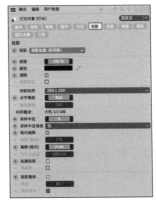

图5-21 图5-22

（1）"投影"用于选择投影方式，包含"无""阴影贴图（软阴影）""光线跟踪（强烈）""区域"4种。

（2）"密度"用于设置投影的明显程度。"密度"的数值越高，投影越明显；数值越低，投影越淡。

（3）"颜色"用于设置投影的颜色。

（4）"透明"用于对半透明材质进行投影设置，勾选该复选框后，半透明物体将会产生较不透明物体更浅的投影，更符合光线逻辑；取消勾选该复选框后，半透明物体则会产生和不透明物体相同密度的投影。

（5）"投影贴图"仅对"阴影贴图（软阴影）"有效，用于设置投影贴图大小。贴图越大，投影越清晰。

（6）"偏移"用于设置物体暗部投影效果，"偏移"的数值越高，物体暗部阴影越少。

（7）"采样精度"用于设置阴影部分采样的细节程度。

"光度"选项卡中包含"光度强度""强度""单位""光度数据""文件名""光度尺寸"等属性，如图5-23所示。

（1）"光度强度"用于设置光照强度，常用于IES灯光强度的调节。

（2）"强度"用于设置光线的强弱，该选项可以定义"常规"选项卡中的"强度"。

（3）"单位"用于设定光通量单位，包括"流明（lm）"和"烛光（cd）"。"烛光（cd）"相当于一支普通蜡烛的发光强度，"流明（lm）"相当于烛光在一个立体角上产生的总发射光通量。

（4）"光度数据"用于为IES灯光添加贴图。

（5）"文件名"用于为IES灯光选择贴图，选定后其名称将在此处显示。

"焦散"选项卡中包含"表面焦散""能量""光子""体积焦散""能量""光子""衰减""内部距离""外部距离"等属性，如图5-24所示。

（1）"表面焦散"用于开启表面焦散，如图5-25所示。使用表面焦散需要配合渲染器打开"焦散"效果，并与材质细致调节焦散效果。

图5-23

图5-24

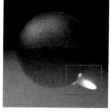

图5-25

（2）"能量"是指每个光子的亮度。

（3）"光子"用于设置光子的数量，光子数量越多，焦散表现越细致。

（4）"体积焦散"用于开启体积焦散功能。

（5）"能量"是指每个光子的亮度。

（6）"光子"用于设置光子的数量，光子数量越多，焦散表现越细致。

（7）"衰减"用于调节焦散的衰减程度。

"噪波"选项卡中包含"噪波""类型""阶度""速度""亮度""对比""局部""可见比例""光照比例""风力""比率"等属性，如图5-26所示。

（1）"噪波"用于设置噪波的可见模式，包含"无""光照""可见""两者"4种，如图5-27所示。"光照"表示噪波能在光照中显

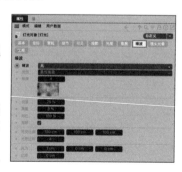

图5-26

示；"可见"表示噪波能在可见的光柱中显示；"两者"表示噪波在"光照"和"可见"中均会显示。

（2）"类型"用于选择噪波类型，包含"噪波""柔性湍流""刚性湍流""波状湍流"4种，如图5-28所示，每种类型都有自己的特点。

图5-27　　　　　　　　　　　　　　　　图5-28

（3）"阶度"用于设置复杂贴图的细节程度。"阶度"的数值越高，贴图中的细节越丰富，黑白对比越明显；数值越低，黑白过渡越平滑。该选项对"噪波"无效，"阶度"数值为1与数值为8的贴图细节分别如图5-29和图5-30所示。

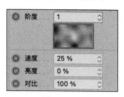
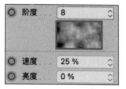

图5-29　　　　　　　　图5-30

（4）"速度"用于设置噪波的流动速度，可在动画中体现。

（5）"亮度"用于设置贴图的亮度。

（6）"对比"用于设置贴图的对比度。

5.1.1　默认灯光

默认灯光为点光源，是指在场景中由一个点向四周发散光残。

创建灯光。在菜单栏中选择"创建>灯光>灯光"命令，如图5-31所示，创建默认灯光。或在右侧工具栏中单击"灯光"图标，如图5-32所示。

图5-31　　　　　　　　　　　图5-32

5.1.2　聚光灯

聚光灯是聚集光线、束缚光线的灯光类型，如图5-33所示。聚光灯多用于舞台和电影拍摄，聚光灯能为画面塑造出极强的戏剧张力。在c4d中，聚光灯是可控的，所以常用于划分画面光区或者打亮画面细节。

5.1.3　目标聚光灯

图5-33

目标聚光灯是在普通聚光灯的基础上增加了目标标签（"目标表达式［目标］"下的"标签"），如图5-34所示。目标聚光灯无论怎么移动都会指向目标点的方向。单击"目标"标签，可以将标签中的目标对象更改为场景中的其他对象，但目标聚光灯的朝向将永远跟随这个目标对象。

图5-34

5.1.4 区域光

区域光指的是能发出区域光的灯光类型，如图5-35所示。区域光一般为平面光源或者体积光源，其灯光体积可以在"细节"选项卡中进行设置，且光线较为均匀、柔和，更大的光源面积是其一大特点，像广告灯箱、电视机屏幕、直播用的球形灯等都可以用区域光来制作。在某些产品渲染图中，常用区域光对产品的高光进行修饰，特别是玻璃材质和金属材质，这两类材质需要大面积光源润色，否则会产生突兀的光斑，如图5-36所示。

图5-35

图5-36

5.1.5 PBR灯光

PBR（Physicallly-Based-Rendering，基于物理的渲染），灯光在参数上趋近于真实的物理效果，如图5-37所示。

图5-37

5.1.6 无限光

无限光的光线平行且可无限延伸，无视光源体积，可通过"旋转工具"操控无限光的照射角度。无限光常用于大场景的整体照明，或用于模拟太阳带给环境清晰的投影等，如图5-38所示。

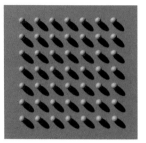

图5-38

5.1.7 物理天空

物理天空用于模拟真实的天空效果。在右侧工具栏中，按住"灯光"图标并拖动鼠标，在其下拉列表中选择"物理天空"选项，如图5-39所示，即可完成物理天空的创建。物理天空有着贴合真实天空的效果，用户能够在其属性面板中快速地设置出真实的天空和光照效果，如图5-40所示。

图5-39

图5-40

5.1.8 实战案例：真实的日光效果

在现实生活中，日光效果十分丰富。c4d中涵盖了日光在不同条件下的效果，让画面更趋近于真实，这一功能无疑将日光效果的制作变得更加高效，本案例最终效果如图5-41所示。

图5-41

资源位置	
素材文件	素材文件>CH05>10 案例：真实的日光效果
实例文件	实例文件>CH05>10 案例：真实的日光效果.c4d
技能掌握	掌握用c4d实现真实的日光效果的制作方法

微课视频

操作步骤

1. 打开素材并创建物理天空

（1）在c4d中导入素材文件中的场景，如图5-42所示。

（2）进入摄像机编辑器。单击"摄像机"旁边的 图标即可进入摄像机编辑器，如图5-43所示。

图5-42

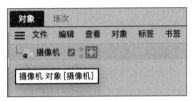

图5-43

（3）创建物理天空。在右侧工具栏中，按住"灯光"图标 并拖动鼠标，在其下拉列表中选择"物理天空"选项，如图5-44所示，效果如图5-45所示。

图5-44

图5-45

2. 设置物理天空参数

（1）此时的环境模拟了物理天空的效果，在右侧对其参数进行设置，将"颜色暖度"设置为50%，"强度"设置为80%，"饱和度修正"设置为70%，如图5-46所示。

（2）在"时间与区域"选项卡中进行设置，"太阳"的位置和光线会随着时间的推移而发生变化，如图5-47所示。

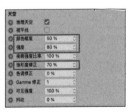

图5-46

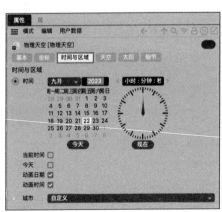

图5-47

（3）预览效果。在工具栏中，单击"渲染活动视图"图标将得到较为真实的日光效果，如图5-48所示。

图5-48

3. 创建灯光

（1）单一的太阳光线会使画面显得平淡，可以利用灯光工具为其增添层次。在工具栏中选择"区域光"选项，如图5-49所示，创建区域光来完善太阳光的效果，并将其作为主体的轮廓光使用，如图5-50所示。

（2）此时的背景也受到了影响，需要规避灯光对背景的影响。单击"区域光"，在其属性管理器的"工程"选项卡中，将"模式"设置为"排除"，再将"背景"拖动至"对象"属性框中，如图5-51所示。

图5-49

图5-50

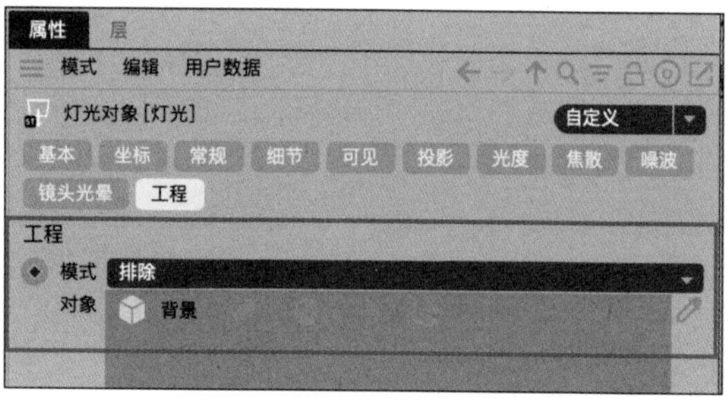

图5-51

4. 开启"全局光照"

在顶部工具栏中，单击"编辑渲染设置"图标，进入"渲染设置"窗口后，单击"效果"按钮，在其下拉列表中选择"全局光照"选项。渲染后会得到一个比较真实的效果，如图5-52所示。

图5-52

5.2 灯光应用技巧

灯光并不只是简单地照亮物体，而是需要营造出场景的氛围，以表现出物体的体积及质感的。学会运用光线及布光规律非常重要。掌握这些技巧不仅有利于熟练使用c4d等三维创作软件，而且有利于搞清楚摄影中的灯光控制基础知识。在学习本章后，读者的c4d布光技巧能得到显著提升，在摄影用光上也将更进一步。

5.2.1 认识灯光

在三维场景灯光制作中，有多种布光方法。这些布光方法都不是一成不变的，而且需要根据实际情况进行调整。首先要做的就是认识灯光，了解"光质""光位""光型"。

"光质"。将光源以光质进行分类，可分为"硬质光"与"软质光"，如图5-53与图5-54所示。

（1）常见的硬质光源有太阳、舞台追光灯和强光手电筒等，这些光源的特点是发出的光线较硬，投影轮廓清晰，照射物体的反差较大，如图5-55所示。

（2）常见的软质光源有广告灯、大雾中的光线等。这些光源的特点是发出的光线柔和，投影轮廓模糊，照射物体的反差较小，如图5-56所示。

"光位"。用于比对灯光与被射对象的位置。对灯光的位置进行划分，大致可分为"正面光""前侧光""侧光""侧逆光""逆光""顶光""底光"。

图5-53　　　　图5-54

 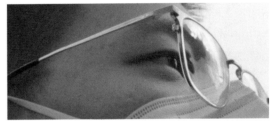

图5-55　　　　　　　　　　图5-56

①"正面光"也称"顺光"，指从被摄对象的正面照射，灯光位置与摄像机处于同一方位。被摄对象受光均匀，正面形象能够清晰展现，但是缺乏质感，显得画面扁平，缺乏立体感，如图5-57所示。

②"前侧光"是较为常用的光位，指被摄对象正前方偏移角度约为45°的灯光，这种灯光能够很好地展现物体，突出层次，展现纹理细节并突出质感。高位前侧光照射在人物模型上能够在人物鼻侧形成三角形光区，这种光线是17世纪画家伦勃朗（Rembrandt）在绘画中常用的光线，也被称为"伦勃朗光"，如图5-58所示。

③"侧光"是指从被摄对象正前方偏移90°的位置进行布光，这种灯光具有很强的戏剧张力，能够突出物体的表面纹理、层次，如图5-59所示。

④"侧逆光"是指从被摄对象正后方偏移约45°的灯光，这种灯光常用来勾勒被摄对象的轮廓，以体现物体与背景的层次。此外，这种灯光还能够照亮透明的物体，使透明物体具有层次感。"侧逆光"是较为常用的灯光，如图5-60所示。

⑤"逆光"也称"背光"，指在被摄对象背后180°位置的灯光。该类灯光常用于照亮物体的整个轮廓，与背景拉开层次以获得更好的画面效果，如图5-61所示。

图5-57　　　图5-58　　　图5-59　　　图5-60　　　图5-61

⑥"顶光"指在被摄对象正上方位置的灯光，用于照亮被摄对象顶部，或者照亮人物或动物模型的毛发。当顶光作为主光时，能使画面产生很强的戏剧张力，如图5-62所示。

⑦"底光"指从被摄对象前方较低位置发出的灯光，常用于恐怖片这类具有很强的戏剧张力

的影片或画面，如图5-63所示。

"光型"是按照灯光在画面中所起的作用进行分类的，分为"主光""辅光""轮廓光""修饰光""模拟光""背景光"6种。

① "主光"用于照亮被摄对象的主体。

② "辅光"用于照亮主光产生的阴影，以展示阴影部分细节，起到削弱阴影、减小反差的作用。

③ "轮廓光"用于照亮被摄对象的主体轮廓，使主体与背景间具有层次感，从而达到突出主体的目的。

④ "修饰光"用于修饰被摄对象，使被摄主体局部层次更加丰富。例如，照亮动物模型毛发光、眼神光，照亮工艺饰品闪光等。

⑤ "模拟光"用于模拟现场的光线效果。

⑥ "背景光"用于照亮背景，使背景层次更加丰富，画面更加立体，如图5-64所示。

图5-62　　　　　　　　图5-63　　　　　　　　　　图5-64

5.2.2　三点布光

三点布光是布光方法中最为常用的一种，从中能够衍生出许多布光类型。三点布光需要3盏灯光，分别承担"主光""辅光""轮廓光"的角色，如图5-65所示。在此基础上，有时需要加入背景光来照亮背景，使得画面整体更加协调。

（1）放置主光。将主光放置在对象左前侧。

（2）放置辅助光。将辅助光放置在对象右前侧。

（3）放置轮廓光。将硬质轮廓光放置在对象侧逆高位。

三点布光的效果如图5-66所示。

图5-65　　　　　　　　　　　　　　　　图5-66

5.3 实战案例：灯光设置综合案例

在本节中，我们将会对之前所学的灯光知识进行综合运用。从对光的颜色选取、自发光材质、灯光正向测定体积等多方面进行协调，完成灯光综合设置，为画面增添氛围感。最终效果如图5-67所示。

图5-67

资源位置

素材文件　素材文件>CH05>11 案例：灯光设置综合案例

实例文件　实例文件>CH05>11 案例：灯光设置综合案例.c4d

技能掌握　掌握在c4d中设置综合灯光效果的方法

微课视频

操作步骤

（1）打开场景。在案例对应的文件夹中打开"11案例：灯光设置综合案例.c4d"场景文件，如图5-68所示。进入摄像机视图。

（2）创建发光材质。创建默认材质，进入其材质编辑器后，仅保留"发光"复选框处于勾选状态。打开"发光"选项卡，将颜色参数"H"设置为49°，"S"设置为100%，"V"设置为100%，如图5-69所示。

（3）开启"辉光"选项。在材质编辑器中，勾选"辉光"复选框，并对其进行设置，将"内部强度"设置为20%，"外部强度"设置为30%，"半径"设置为10cm，如图5-70所示。

图5-68

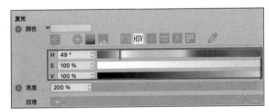

图5-69

图5-70

（4）赋予灯带材质。将该发光材质赋予后方背景灯带，效果如图5-71所示。

（5）创建目标聚光灯是为画面主体增添层次和光感。在右侧工具栏中，按住"灯光"图标 💡 并拖动鼠标，在其下拉列表中选择"目标聚光灯"选项，如图5-72所示。

（6）调节目标聚光灯的位置。将"目标聚光灯"与"灯光.目标.1"调节到合适的位置，如图5-73所示。

图5-71

图5-72

图5-73

（7）设置目标聚光灯参数。在属性管理器中，将"投影"设置为"阴影贴图（软阴影）"，"可见灯光"设置为"正向测定体积"，如图5-74所示。

图5-74

（8）调节目标聚光灯光照范围。在操作视窗中对目标聚光灯光照范围进行调整，保证其能够覆盖主体物，调整后如图5-75所示。

（9）创建聚光灯。在工具栏中按住"灯光"图标并拖动鼠标，在其下拉列表中选择"聚光灯"选项，如图5-76所示。聚光灯可以为画面主体勾勒轮廓、平衡画面冷暖色调。

（10）调整聚光灯位置。将聚光灯调整到侧逆光位，以使聚光灯能够作为模型的轮廓光。这样的做法能将主体与背景分离，从而营造场景层次感，如图5-77所示。

图5-75

图5-76

图5-77

（11）调节聚光灯参数。在属性管理器中，将"强度"设置为60%，将颜色参数"H"设置为194°，"S"设置为100%，"V"设置为100%，如图5-78所示。

（12）渲染活动视图。在工具栏中单击"渲染活动视图"按钮，即可对当前视窗画面进行渲染，效果如图5-79所示。

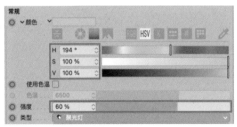
图5-78

图5-79

（13）创建环境。在右侧工具栏中，按住"天空"图标将并拖动鼠标，在其下拉列表中选择"环境"选项，如图5-80所示。

（14）设置环境参数。在属性管理器中，对环境参数进行设置。勾选"启用雾"复选框，将"颜色"设置为"蓝色"，"强度"设置为20%，如图5-81所示。

（15）编辑渲染设置。在工具栏中单击"编辑渲染设置"按钮，在打开的"渲染设置"窗口中，将"渲染器"设置为"物理"，勾选"全局光照""对象辉光""柔和滤镜"复选框，如图5-82所示。并且在"保存"中设置"保存路径"和"保存格式"。

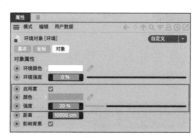

图5-80   图5-81   图5-82

（16）渲染。在工具栏中，单击"渲染到图像查看器"图标，即可渲染图片。在场景中，需要根据场景需求对灯光进行微调，以获得更好的效果，如图5-83所示。

图5-83

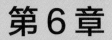

第 6 章

渲染输出

当模型、材质和灯光制作完成后，接下来将开始制作渲染部分。渲染的效果令人惊叹，c4d中生硬的模型和灯光，在渲染后能变得鲜活起来。如果把建模比作骨骼、灯光材质比作血肉，那么渲染就是为其蒙上一层皮肤，使其显露出生命的灵动。

6.1 渲染工具组

渲染是c4d工作中的最后一步，意味着c4d的三维制作接近尾声。了解渲染工具组，不仅有助于创造出更好的画面质感，还能提高创作效率。渲染工具组中包含"渲染活动视图""渲染到图像查看器""编辑渲染设置"3个工具，如图6-1所示。在渲染工具组中，渲染方式包含"渲染活动视图""区域渲染""交互式区域渲染（IRR）""渲染所选"4种，如图6-2所示。其中，"渲染活动视图""区域渲染""交互式区域渲染（IRR）"仅能用于预览渲染，不能用于最终渲染。

图6-1 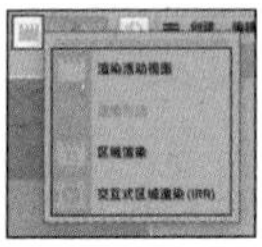　　　　　　　　　　图6-2

6.1.1 渲染活动视图

渲染活动视图，顾名思义，就是以操作视窗中现有构图为基准的渲染，能够反映当前设置下的画面效果。

使用渲染活动视图。单击工具栏中的"渲染活动视图"图标，如图6-3所示，或使用快捷键"Ctrl/Cmd+R"，又或者在菜单栏中选择"渲染>渲染活动视图"命令，如图6-4所示。

图6-3　　　　　　　　　　图6-4

6.1.2 区域渲染

"区域渲染"是指对操作视窗中模型的某个部分进行渲染，相较于渲染整个画面，区域渲染能够节省计算机资源，可以更快地获得当前设置之下的画面效果。区域渲染常用于查看具体部位的渲染效果，如图6-5所示。

使用区域渲染。在顶部工具栏中，按住"渲染活动视图"图标█并拖动鼠标，在其下拉列表中选择"区域渲染"选项，如图6-6所示。再将鼠标指针移动到操作视窗中，此时鼠标指针变为"十字标"形状，如图6-7所示。按住鼠标右键并拖动，框选出渲染范围即可获得区域渲染效果。亦可在菜单栏中选择"渲染>区域渲染"命令，如图6-8所示，区域选中操作与上述相同，此处不赘述。

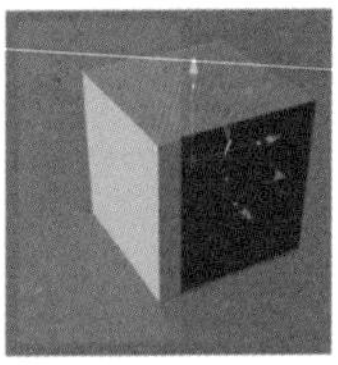

图6-5　　　　　图6-6 　　　　　图6-7　　　　　图6-8

6.1.3　交互式区域渲染（IRR）

"交互式区域渲染"是指在区域渲染的基础上加入交互渲染部分，用户能够调整实时显示的渲染画面的参数和画面效果。该功能可以实时显示所选区域内的渲染效果。调整后，渲染器会对该区域重新进行渲染，类似于OC渲染器和Arnold的实时渲染，拖动渲染区域框可调节渲染区域。实时渲染会消耗更多的计算机资源且渲染质量仅能用于预览，如图6-9所示。

图6-9

启用交互式区域渲染（IRR）。在顶部工具栏中，按住"渲染活动视图"图标🖿并拖动鼠标，在其下拉列表中选择"交互式区域渲染（IRR）"选项，如图6-10所示，其快捷键为"Alt/Option+R"。或在菜单栏中选择"渲染>交互式区域渲染（IRR）"命令，如图6-11所示。

在区域框右半部分有一个三角形图标，该图标用于调整实时渲染精度，如图6-12所示。将该图标向画面的下方移动，实时渲染精度变低；向画面的上方移动，实时渲染精度变高。

图6-10　　　　　　　　　　图6-11　　　　　　　　　　图6-12

6.1.4　渲染所选

"渲染所选"可以对所选对象进行单独渲染，以节省计算机资源。渲染激活对象能够避免对不必要的复杂场景进行重复渲染，从而提高创作效率。

启用渲染激活对象。在对象管理器中，选中需要渲染的对象，如图6-13所示。按住"Ctrl/Cmd"键单击对象能够实现多选；按住"Shift"键单击上下两端的对象，可选中这两个对象及其中间的所有对象。

在菜单栏中选择"渲染>渲染所选"命令，如图6-14所示。或在工具栏中，按住"渲染到活动视图"图标🖿并拖动鼠标，在其下拉列表中选择"渲染所选"选项，如图6-15所示。

图6-13　　　　　　　　　　图6-14　　　　　　　　　　图6-15

6.1.5　渲染到图像查看器

"渲染到图像查看器"用于影像的最终输出。在"渲染设置"窗口中，可对渲染效果和渲染保存位置进行设置，如图6-16所示。

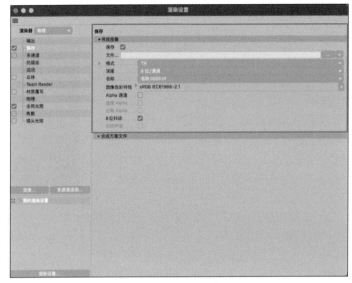

图6-16

启用"渲染到图像查看器"工具。在菜单栏中选择"渲染>渲染到图像查看器"命令，如图6-17所示。或在工具栏中单击"渲染到图像查看器"图标，如图6-18所示，其快捷键为"Shift+R"。

图6-17

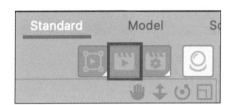

图6-18

6.2 渲染设置

渲染器是3D引擎的核心，其作用是将三维场景中的画面结合光线照明绘制在屏幕上，是整个制作工程的最后一步。渲染对计算机硬件的要求较高，占据计算机资源较多，所以在进行渲染前，需要设置合理的渲染参数，以免浪费资源。

c4d提供了"Redshift""标准""物理""视窗渲染器"4款渲染器，如图6-19所示。

图6-19

事实上，c4d能够搭载的渲染器还有很多，每款渲染器都有各自的长处。掌握好渲染技术，也能让简易的渲染器渲染出精妙绝伦的画面。

打开"渲染设置"窗口。在工具栏中单击"编辑渲染设置"按钮，如图6-20所示，快捷键为"Ctrl/Cmd+B"，即可打开"渲染设置"窗口。在"渲染设置"窗口中，默认渲染器为"标准"。在渲染面板中，有多个常用属性需要进行设置，如图6-21所示。

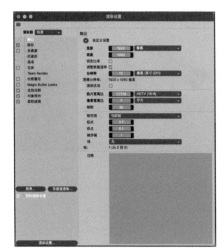

图6-20   图6-21

6.2.1 渲染器选择

选择合适的渲染器是十分重要的。渲染器大致可以分为CPU渲染器和GPU渲染器两大类，每款渲染器都有自己的特点，用户可以根据其渲染特性、作品要求和计算机的硬件选择合适的渲染器。除了c4d自带的4款渲染器以外，还有Octane、Arnold等插件渲染器可供用户使用。渲染器没有特别明显的优劣之分，每款渲染器在精湛的渲染技术下都能做出令人满意的画面。

（1）"标准"渲染器。在顶部工具栏中，单击"编辑渲染设置"按钮，或按快捷键"Ctrl/Cmd+B"。在弹出的"渲染设置"窗口中，打开"渲染器"下拉列表，可在c4d自带的4款渲染器中进行选择，如图6-22所示。系统默认的渲染器是"标准"渲染器。"标准"渲染器对摄像机景深一类的物理设置是无法生效的，只能在渲染设置中模拟景深效果，但效果相对生硬，如图6-23所示。

（2）"物理"渲染器。在顶部工具栏中，单击"编辑渲染设置"按钮，或按快捷键"Ctrl/Cmd+B"。在弹出的"渲染设置"窗口中，打开"渲染器"下拉列表，选择"物理"选项。"物理"渲染器能对摄像机的物理属性生效。相对"标准"渲染器而言，其光影效果更加真实，如图6-24所示，但是"物理"渲染器渲染模型所需要的时间也会更长。

图6-22   图6-23   图6-24

（3）"Octane Render"简称"OC"。OC渲染器是c4d中常用的第三方付费插件渲染器，它是基于GPU渲染的，相较于基于 CPU 渲染的渲染器，OC渲染器能花更少的时间，获得更出色的效果。OC渲染器支持实时渲染预览。OC渲染器在透明材质、自发光材质和SSS（Sub-Surface-Scattering，次表面散射）材质上的表现较为出色。但是，OC渲染器仅支持NVIDIA和丽台P系列的显卡，有独属于自己的一套灯光和材质系统，采用的是节点编辑模式，无法兼容c4d系统自带的灯光和材质系统。OC渲染作品如图6-25～图6-27所示。

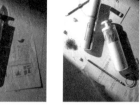

图6-25　　　　　　　　　　　　　图6-26　　　　图6-27

（4）"Arnold" 渲染器译为"阿诺德"渲染器，和OC渲染器一样是c4d中常用的插件渲染器。Arnold是一款基于物理算法且拥有电影级别渲染能力的渲染器，操作界面如图6-28所示。它拥有独立且成熟的灯光系统，并且支持实时渲染。与OC渲染器不同的是，Arnold渲染器是基于CPU渲染的。Arnold 是一款高级的、跨平台的，基于物理的光线追踪渲染器，可最大限度地还原真实的效果。

（5）"Redshift" 渲染器译为"红移"渲染器，是一款基于GPU渲染的渲染器，利用有偏向的GPU渲染，能够更快、更精确地完成渲染，并且能够给予用户较多的调整空间，启动方式如图6-29所示。相较OC渲染器来说，Redshift渲染器对计算机硬件的要求会低一些，其操作界面如图6-30所示。

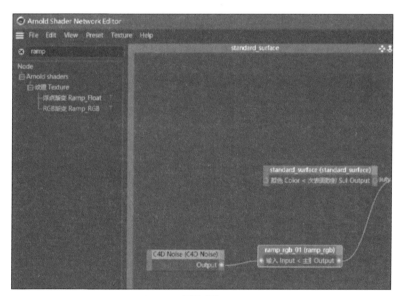

图6-28

图6-29

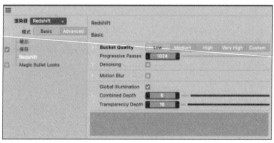

图6-30

6.2.2　输出

在"标准"渲染器下，单击"输出"标签，进入输出面板，如图6-31所示。

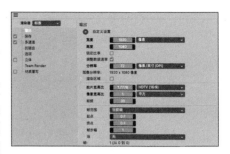

图6-31

其中可以选择输出预置，预置中有根据屏幕大小、互联网等常规图像规格制定的尺寸，如图6-32所示。除此之外，用户可以在"宽度"和"高度"数值框中对渲染画面的长、宽进行设置，如图6-33所示。"宽度"和"高度"的单位有"像素""厘米""毫米""英寸"等，如图6-34所示。

图6-32　　　　　　图6-33　　　　　　图6-34

（1）勾选"锁定比率"复选框即可锁定画幅的长宽比，如图6-35所示。当用户再次对宽度或高度进行调整时，另一数值会根据锁定的比率一同产生变化。

（2）"分辨率"用于设置图像分辨率。

（3）勾选"渲染区域"复选框后，可设置仅渲染指定区域。

图6-35

（4）"胶片宽高比"用于设置渲染画幅的长宽比。

（5）"像素宽高比"用于设置图像像素的宽高比，默认单位为平方。常用于匹配变形宽银幕画面。

（6）"帧频"用于设置动画渲染后的帧率。

（7）"帧范围"用于设置渲染帧的范围，通过起点及终点来限制渲染范围。

（8）"帧步幅"表示逐帧渲染。默认值为1，值为2时表示隔帧渲染，以此类推。

6.2.3　保存

单击"保存"标签，如图6-36所示，进入保存面板。勾选"保存"复选框后，如图6-37所示，可将渲染输出到计算机文件中。保存面板如图6-38所示。

图6-36　　　　　　图6-37　　　　　　　　图6-38

（1）"文件"用于设置文件的保存名称及保存的位置。

（2）"格式"用于设置保存的格式，其下拉列表中有多种视频及图片格式可供选择。

（3）"深度"用于设置图片的色彩深度。

（4）"名称"用于设置命名的格式。

（5）"图像色彩特性"用于设置输出图像的色彩空间。

（6）"Alpha通道"用于保留图片透明通道的信息。

6.2.4 物理

打开"渲染器"下拉列表，选择"物理"选项，如图6-39所示。该功能面板会配合物理摄像机等对象，尽可能地还原真实的物理世界。相较于"标准"渲染器，使用"物理"渲染器能获得更加真实的画面效果。选择"物理"选项后会进入"物理"渲染器的基本属性面板，如图6-40所示。

图6-39

图6-40

勾选"景深"复选框后，可以启用摄像机的景深功能，如图6-41所示。景深指的是画面中清晰部分的最近点到最远点的距离，用"深浅"来描述，如图6-42所示。景深与摄像机的镜头焦段、光圈大小、传感器大小、物距和视距有关。

勾选"运动模糊"复选框后，可以启用物体的运动模糊功能。运动模糊指的是在一般快门速度下，物体运动时会产生拖尾效果，快门速度较慢或者物体运动速度较快时，运动模糊效果会比较明显。为运动中的小球添加"运动模糊"效果前后的对比如图6-43与图6-44所示。

图6-41

图6-42

图6-43

图6-44

（1）"运动细分"用于改变运动模糊的细节采样。细分数值越高，画面中所包含的运动细节越多。

（2）"采样器"用于设定画面的采样方式，分为"固定的""自适应""递增"。

（3）"采样品质"用于调节画面的精细程度，采样品质越高，画面越精细，抗锯齿能力也越强。

（4）"模糊细分（最大）"用于设置场景中模糊部分的最大细节程度。

（5）"阴影细分（最大）"用于设置场景中阴影部分的最大细节程度。

（6）"环境吸收细分（最大）"用于设置添加环境吸收后的最大细节程度。

6.2.5　全局光照

图6-45

在场景中，光照分为两种，直接照明和间接照明。直接照明指的是在灯光照射下，光线能够直接照亮物体；间接照明则是光线照射在一个对象上，然后利用漫射再次将光线作用于其他对象。全局光照能够分散这些光线，将光的色散属性应用在场景渲染中。这在素描绘画中有明显的体现，例如，在画桌面上的圆球时，最暗的面并不是背光的面，因为背光面可能被桌面反射的光线所照亮。全局光照利用场景中的物体使光线多次反射，以获得接近真实、自然光线的效果。

开启全局光照。在"渲染设置"窗口中，单击"效果"按钮，在打开的"效果"下拉菜单中，选择"全局光照"选项，如图6-45所示。

下面为"常规"选项卡中相关选项的介绍。

（1）"预设"下拉列表中有多种模式供用户选择，其中包含经典的全局光照模式，如图6-46所示。

（2）"首次反弹算法"用于设置光线第一次反弹的模式。其下拉列表包含"准蒙特卡洛（QMC）""辐照缓存""辐照缓存（传统）"3个选项，如图6-47所示。

图6-46

（3）"二次反弹算法"用于设置光线第二次反弹的模式。其下拉列表中包含"准蒙特卡洛（QMC）""辐照缓存""辐射贴图""光线映射""无"5个选项，如图6-48所示。"准蒙特卡洛（QMC）"能够保留反射中的所有细节，其渲染所花费的时间较长。"辐照缓存"的渲染速度较快，并且能够重复使用，但是在间接照明的情况下进行渲染时，容易忽略二次反弹的细节。"辐射贴图"的计算速度快，操作简单，但是画面质感不佳。"光线映射"能够快速计算光线效果，并且能够被存储，但是不能计算光线产生的二次反射。

（4）"漫射深度"用于光线反弹的次数，仅在"二次反弹算法"选项为"准蒙特卡洛（QMC）"及"辐照缓存"时启用。

（5）"Gamma"用于调整画面亮度及对比度。

（6）"采样"是指在使用全局光照后，光线在场景中经过多次反射与漫射的精度。

"辐照缓存"选项卡可以设置辐照缓存的精细程度，可对"记录密度""平滑""细化颜色"等选项进行调整，如图6-49所示。

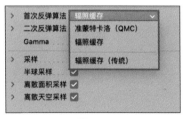

图6-47

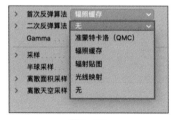

图6-48

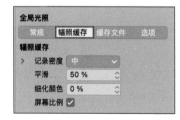

图6-49

辐照缓存记录的文件可在"缓存文件"选项卡中进行设置。若在动画制作过程中，阴影处出现光线闪烁的情况，可以勾选"辐照缓存"选项卡中的"全动画模式"复选框，并且将辐照缓存的"记录密度"设置为"高"，再在"常规"选项卡中提高采样值。

6.2.6 景深

勾选"景深"复选框后，可以启用摄像机的景深效果。景深指的是画面中清晰部分的最近点到最远点的距离，用"深浅"来描述。换言之，景深效果在影像拍摄中表现为前景与背景会出现不同程度的虚化，虚化效果随着距离的改变而改变。使用景深效果时，需要进入摄像机属性面板，设定焦点对象，并且至少开启背景模糊或前景模糊，如图6-50和图6-51所示。

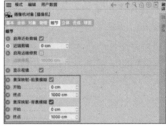

图6-50

图6-51

启用景深。在"渲染设置"窗口的"标准"渲染器中，单击"标准"按钮，打开"效果"下拉菜单，选择"景深"选项，如图6-52所示。在开启"景深"效果后，单击"景深"标签进入其基本属性面板，如图6-53所示。

（1）"模糊强度"用于设置模糊的程度。

（2）"距离模糊"用于配合"模糊强度"设置模糊的程度。当开启"使用渐变"后，"距离模糊"参数才会生效，此时的模糊效果为"模糊强度数值×距离模糊数值"。

（3）"背景模糊"用于设置背景的模糊程度，其他对象不受影响。

（4）"径向模糊"用于设置图像边缘的模糊程度。

（5）"镜头光晕形状"用于设置镜头虚化范围内高光的形状。有"圆环""三角形""菱形"等形状供用户选择，如图6-54所示。

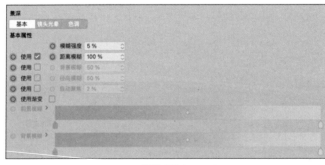

图6-52

图6-53

图6-54

6.2.7 渲染设置

"渲染设置"用于将已设置好的渲染参数作为预设模板，以便于针对不同工作模式或者不同的场景实现渲染参数的快速切换，如图6-55所示。渲染设置也可分为父子级，子级可以沿用父级的渲染参数，以便在已有的父级参数上再次进行调整，如图6-56所示。

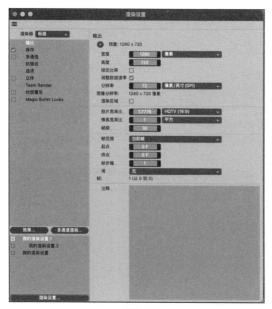

图6-55

图6-56

6.3 图像查看器

图像查看器用于对渲染结果进行预览。当对活动视图进行最终渲染时，可以单击顶部工具栏中的"渲染到图像查看器"图标，图像查看器会随之打开并显示渲染进度及渲染结果，如图6-57所示。

除此之外，图像查看器还能够转换HDR图像，使得HDR图像能更加直观地展示出来。图像查看器还能够设置安全框，用于对比两帧的渲染结果，帮助用户及时做出判断，并且以此为依据做出调整。

打开图像查看器。在菜单栏中选择"窗口>图像查看器"命令，如图6-58所示。

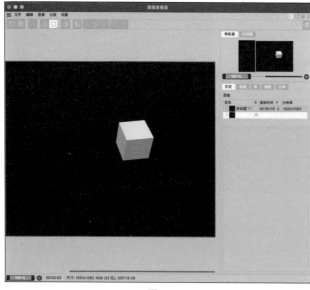

图6-57

图6-58

6.3.1 渲染设置菜单栏

菜单栏中集合了图像查看器的所有功能，它的位置在"图像查看器"窗口的左上角，如图6-59所示。菜单栏中包含"文件""编辑""查看""比较""动画"5项，如图6-60所示。

（1）"文件"用于打开或另存图像，如图6-61所示。在"文件"菜单中，可以利用"转换十字HDR"或者"转换球形HDR"命令，将十字HDR或球形HDR转化为一般图像。

（2）"编辑"用于管理图像查看器中的图像文件及缓存文件，包含"复制""粘贴""清除缓存"等命令，如图6-62所示。

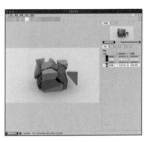   

图6-59　　　　　图6-60　　　　　图6-61　　　　　图6-62

（3）"查看"用于设置查看图像时所涉及的功能选项，如图6-63所示。"图标尺寸"子菜单中包含"小图标""中图标""大图标"等命令，用于设置渲染图像的图标大小，如图6-64所示。"变焦值"用于设置所选图像在图像查看器中的显示尺寸，如图6-65所示，其中"100%"表示将渲染图像以原始大小在图像查看器中显示，"适合屏幕"表示将渲染图像以适合屏幕的尺寸进行显示。"放大/缩小"用于调节图像在图像查看器中显示的大小，如图6-66所示。"导航器/柱状图"用于设置"导航器/柱状图"是否启用，"导航器/柱状图"位于窗口右侧，如图6-67所示。"折叠全部/展开全部"用于将渲染所得的文件夹折叠或展开显示。"标题安全框"用于在画面中显示标题安全框，以便为后续操作预留空间，如图6-68所示。

 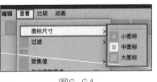  

图6-63　　　　　图6-64　　　　　图6-65　　　　　图6-66

（4）"比较"用于对比两份图像，观察两份图像的差异，以便做出调整。图6-69中，"AB比较"用于开启比较功能，使图像A与图像B同时出现在画面中，可拖动比较线调整图像A、B的显示范围，或拖动窗口边缘的比较线来调整，如图6-70所示。

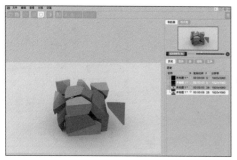

图6-67　　　　　　　　　　　　图6-68　　　　　　　　　　　　图6-69

💡 小 提 示

　　在这之前需要用到"设置为A"与"设置为B"两个功能，将所选的图像作为A或B，"互换A/B"是将图像A和图像B所在位置进行互换。"交换 纵向/横向"用于调节图像A和图像B在纵向或横向方向上进行比较，横向比较如图6-71所示，纵向比较如图6-72所示。

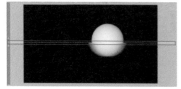

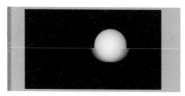

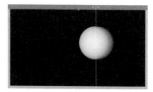

图6-70　　　　　　　　　　　　图6-71　　　　　　　　　　　　图6-72

　　（5）"动画"用于在图像查看器中浏览动画，包括"帧率""前放""回放""从起点运行""播放停止"等命令，如图6-73所示。"帧率"用于设置图像查看器播放动画的帧率，如图6-74所示。"前放"用于使动画沿时间轴向前按顺序播放。"回放"也可理解为"倒放"，用于使动画沿时间轴向后按顺序播放。"从起点运行"用于使动画从第0帧开始播放。

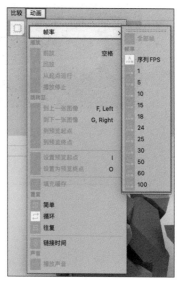

图6-73　　　　　　　　　　　　图6-74

6.3.2 选项卡

选项卡在图像查看器右侧，可用于查看图像参数、添加滤镜和查看历史渲染图像等，如图6-75所示。

6.3.3 信息面板

打开"信息"选项卡，即可进入信息面板，如图6-76所示。

信息面板中包含图像的多种信息："名称""目录""深度""添加到列表""内存""色彩特性""渲染时间""标题安全""动作安全""像素比"，如图6-77所示。

图6-75

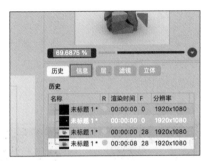

图6-76

图6-77

6.3.4 基本信息

图像基本信息位于图像查看器下方，如图6-78所示。在基本信息中，用户可以直观地看到图像的尺寸、色彩深度、占用的存储空间、动画帧率、帧所在位置等信息。用户可以根据这些基本信息对图像进行概览。

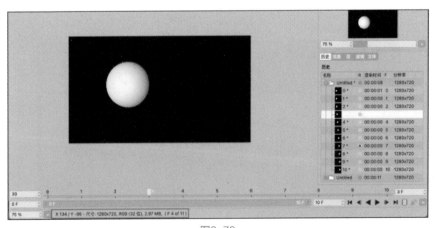

图6-78

6.3.5 快捷按钮

快捷按钮位于菜单栏下方，如图6-79所示。

从左到右依次是"打开图像""将图像另存为""停止渲染""清除缓存""全尺寸""图像透明度""AB比较""设置为A""设置为B""互换A/B""差别""交换纵向/横向"快捷按钮，如

图6-80所示。

（1）"打开图像"用于打开现有的图像，快捷键为"Ctrl/Cmd+O"。

（2）"将图像另存为"用于保存图像，快捷键为"Ctrl/Cmd+Shift+S"。

（3）"停止渲染"用于停止正在进行的渲染工作。

（4）"清除缓存"用于清除动画渲染的缓存文件。

（5）"全尺寸"用于设置动画在图像查看器中的播放帧率。

（6）"图像透明度"通过在图像的透明区域显示网格来表示图像的透明部分。

（7）"AB比较"用于使选定的图像A与图像B进行比较，以便观察二者差异，如图6-81所示。

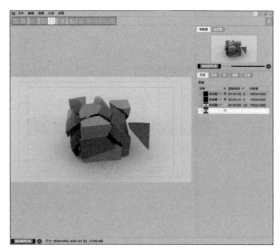

图6-79

图6-80

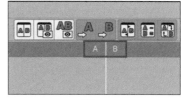

图6-81

6.4　实战案例：制作真实的全局光照效果

　　c4d的全局光照效果能够使光线在场景中多次折射以模拟现实生活中的漫反射，使得场景趋近于真实。在以前，这些反射效果需要操作者创建灯光，使用灯光来模拟，这需要大量的时间成本和技术经验，但是现在可以直接在软件中生成全局光照效果，大大地提升了工作效率。本案例最终效果如图6-82所示。

图6-82

资源位置	
素材文件	素材文件>CH06>12 案例：制作真实的全局光照效果
实例文件	实例文件>CH06>12 案例：制作真实的全局光照效果.c4d
技能掌握	掌握在c4d中制作全局光照效果的方法

微课视频

操作步骤

（1）打开场景。在案例对应文件夹中打开扩展名为".c4d"的场景文件，如图6-83所示。

（2）进入摄像机视图，并进行渲染，此时未开启"全局光照"效果，效果如图6-84所示。此时的效果非常生硬，需要创建"天空"，并开启"全局光照"效果。

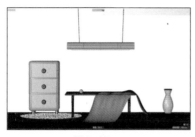
图6-83

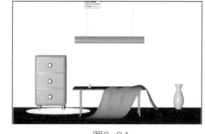
图6-84

（3）开启"全局光照"。在工具栏中，单击"编辑渲染设置"按钮，打开"渲染设置"窗口。单击"效果"按钮，打开"效果"下拉菜单，选择"全局光照"选项，如图6-85所示。

（4）调节全局光照参数。在全局光照的"常规"选项卡下，将"预设"设置为"外部-HDR图像"，如图6-86所示。

（5）创建天空。在右侧工具栏中，单击"天空"图标即可创建，如图6-87所示。

（6）创建天空材质。在材质管理器中创建默认材质，并仅勾选"发光"复选框，如图6-88所示。在"纹理"选项卡中打开"天空HDR.exr"，将材质赋予天空。

渲染效果如图6-89所示。

图6-85

图6-86

图6-87

图6-88

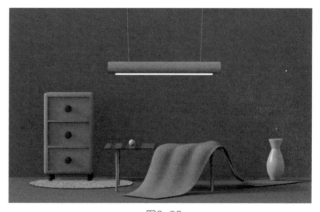
图6-89

第 7 章

运动图形和
动力学

Cinema 4D 集合了多种动力模式和强大的物理引擎，可使制作出的动态效果更加缤纷多彩。人们常常能够在生活中看到使用 Cinema 4D 制作的动态广告，如翻滚的方块、延伸的桌面、弹跳的小球等。

7.1 生成器

运动图形是Cenima 4D中的一个重要模块，它能够大幅度提升工作效率。Cinema 4D的运动图形模块中包含"克隆""矩阵""分裂""破碎"等工具，如图7-1所示。

运动图形工具一般为绿色图标，如图7-2所示，通常作为对象的父级，个别运动图形工具如"矩阵""实例"等除外。

图7-1

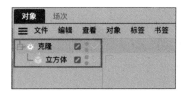

图7-2

7.1.1 克隆

"克隆"用于快速复制对象，使克隆得到的对象参数可控。克隆是十分常用的生成器类型。

开启克隆功能。在菜单栏中执行"运动图形>克隆"命令，如图7-3所示，即可开启克隆功能。在对象管理器中，将需要进行克隆操作的对象拖曳至"克隆"的子级，如图7-4所示。在右侧工具栏中，单击"克隆"图标 也可开启克隆功能，如图7-5所示。选择需要进行克隆的对象，在单击"克隆"图标时按住"Alt/Option"键，即可在开启克隆功能的同时将所选择的对象添加到"克隆"的子级。

图7-3

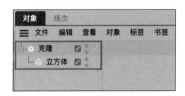

图7-4

图7-5

在克隆的属性面板中，主要包含"对象""变换""效果器"3个选项卡，如图7-6所示。

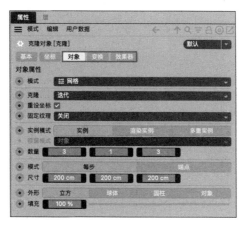

图7-6

1."对象"选项卡

"对象"选项卡能对克隆形式及其属性进行调整，主要包含"模式""克隆""数量"等参数，如图7-7所示。克隆模式不同，属性选项也会有所变化。"模式"用于调整克隆模式。在"模式"下拉列表中，有"对象""线性""放射""网格""蜂窝"5个选项，如图7-8所示。

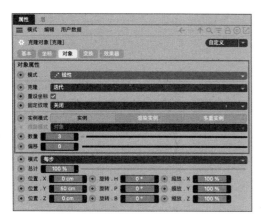

图7-7

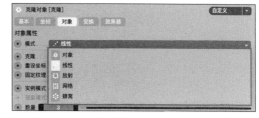

图7-8

"对象"用于将克隆对象复制到指定的对象上，选择该模式后属性面板中会出现"对象"选项，如图7-9所示，指定对象后即可使克隆对象沿选定的对象分布。"对象"的分布方式可以在"分布"选项中调整，其下拉列表中包含"顶点""边""多边形中心""表面""体积""轴心"6个选项，如图7-10所示。分布方式不同，对象调整属性的方式也略有不同。

（1）"顶点"用于将对象克隆到选定对象的顶点上，效果如图7-11所示。

（2）"边"用于将对象克隆到选定对象的边上，效果如图7-12所示。可以通过"偏移"属性调整克隆对象在边上的位置。

（3）"多边形中心"用于将对象克隆到选定对象的多边形中心上，效果如图7-13所示。

（4）"表面"用于将对象克隆到选定对象的表面，效果如图7-14所示，其数量可以通过属性面板中的"数量"进行设置，而其在表面的分布方式可以通过"种子"来改变。

（5）"体积"用于将对象克隆到选定对象的内部，效果如图7-15所示，可通过"种子"和"数量"改变克隆对象的分布方式及数量。

（6）"轴心"用于将对象克隆到选定对象的轴心上，如图7-16所示。

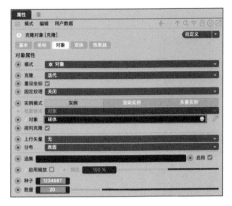

图7-9

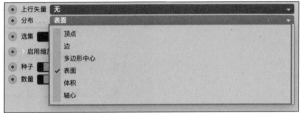

图7-10

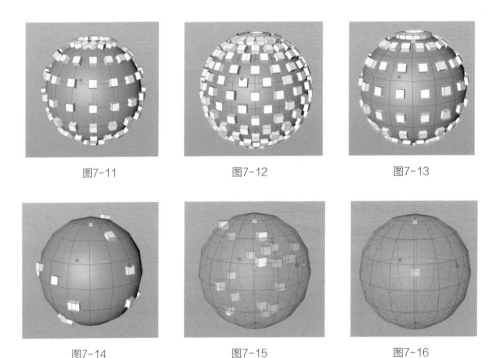

图7-11 　　　　　图7-12 　　　　　图7-13

图7-14 　　　　　图7-15 　　　　　图7-16

"线性"用于将克隆对象线性排列，如图7-17所示，常用的属性为"数量""偏移""模式"。

（1）"数量"用于设定克隆数量。

（2）"偏移"用于设置克隆对象整体沿克隆方向偏移。

（3）"模式"用于设定位置参数的调整模式，分为"终点"和"每步"两种。"终点"表示对其终点位置进行设定，克隆对象会均匀排列在起点到终点的路径上。"每步"是针对每个克隆对象之间的位置进行调整。

"放射"用于使克隆对象呈放射状排列，如图7-18所示，常用的属性为"数量""半径""平面""对齐""开始角度/结束角度""偏移""偏移变化""偏移种子"。

（1）"数量"用于调整克隆对象的数量。

（2）"半径"用于设置放射圆环的半径大小。

（3）"平面"用于设置放射状排列所在平面。

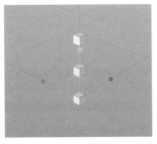

图7-17　　　　　　　　　　　　图7-18

（4）"对齐"用于使克隆对象均朝向放射圆环中心。

（5）"开始角度/结束角度"用于设定起点与终点在放射圆环上的位置。

（6）"偏移"用于调整克隆对象在放射圆环上的偏移程度。

（7）"偏移变化"用于调整偏移的随机程度。

（8）"偏移种子"用于调整随机偏移的运作方式。

"网格"用于将克隆对象按立体网格形式排列，如图7-19所示，常用属性为"数量""尺寸""外形"。

（1）"数量"用于设置x、y、z轴向上的数量，分为3个数值框，分别对应x、y、z轴方向上的数量。

（2）"尺寸"用于设置x、y、z轴向上的网格尺寸，分为3个数值框，分别对应x、y、z轴向上的尺寸。

（3）"外形"用于设置网格的外形，包含"立方""球体""圆柱""对象"4种类型，如图7-20所示。

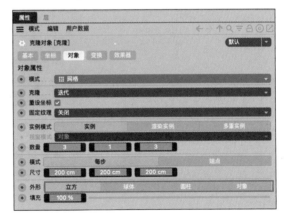

图7-19　　　　　　　　　　　　图7-20

"蜂窝"用于将克隆对象呈蜂窝状排列，如图7-21所示，常用属性为"角度""偏移方向""偏移""宽/高数量""形式"等。

（1）"角度"用于设置克隆对象蜂窝状排列所在平面。

（2）"偏移方向"用于调整偏移的方向，分为"宽""高"，分别对应"横向"与"纵向"。

（3）"偏移"用于设置克隆对象蜂窝状排列的错落偏移程度。

（4）"宽/高数量"用于设置克隆对象蜂窝状排列的宽高数量。

（5）"形式"用于调整克隆对象蜂窝状排列的形状，包含"圆环""矩形""样条"3种样式，如图7-22所示。

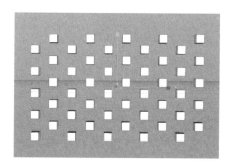

图7-21

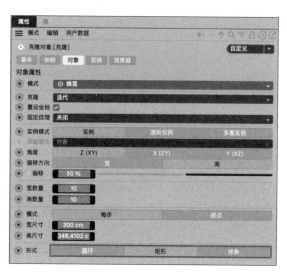

图7-22

当有多个对象混合克隆时，可利用属性面板"对象"选项卡中的"克隆"属性调节混合模式，其下拉列表中包含"迭代""随机""混合""类别"4个选项，如图7-23所示，由此可获得不同的混合效果。

2. "变换"选项卡

在"变换"选项卡中，可对克隆对象的位置、缩放、旋转及颜色等属性进行调整，如图7-24所示。

图7-23

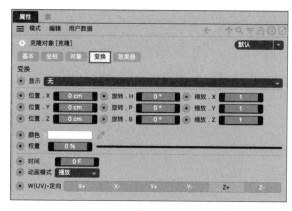

图7-24

7.1.2 矩阵

矩阵的属性面板与克隆的属性面板十分相似，可根据二者的差别判断应使用何种工具。矩阵所创建的立方体对象记录着其位置及运动属性，变形器仅能改变位置及旋转，而不能改变形态。若是对克隆对象使用变形器，克隆对象会发生形变，所以需要克隆对象并对其位置进行调整时可以使用矩阵。此外，矩阵也可以辅助生成TP粒子。

矩阵工具使用时无须拖曳对象至其子级。

在菜单栏中选择"运动图形＞矩阵"命令，如图7-25所示，即可创建矩阵工具。或者在右侧工具栏中，按住"克隆"图标 并拖动鼠标，在其下拉列表中选择"矩阵"选项，如图7-26所示。

图7-25   图7-26

7.1.3 分裂

分裂工具用于使模型对象没有连接的部分分离。使用分裂工具时，需要配合效果器实现分裂效果。此时的球体与立方体执行"连接对象+删除"命令后成为一个整体，但中间仍然留有间隙，此时添加随机效果器，球体与立方体的运动轨迹将保持一致；若先使用分裂工具，再利用"随机"效果器，则可让球体与立方体都受到效果器的影响，如图7-27所示。

在菜单栏中选择"运动图形＞分裂"命令，如图7-28所示，即可创建分裂工具。或者在工具栏中，按住"克隆"图标并拖动鼠标，在其下拉列表中选择"分裂"选项，如图7-29所示。选择需要进行分裂的对象，按住"Alt/Option"键并单击"分裂"图标，即可在创建分裂工具的同时将所选择对象添加到分裂工具的子级。

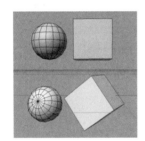      

图7-27   图7-28   图7-29

在分裂的属性面板中，主要使用"对象"和"效果器"选项卡，如图7-30所示。

图7-30

1. "对象"选项卡

"对象"选项卡中的"模式"用于调整分裂工具的分裂模式，其下拉列表中包含"直接""分裂片段""分裂片段&连接"3个选项，如图7-31所示。

（1）"分裂片段"用于在面层级上使没有连接的面分离。

（2）"分裂片段&连接"用于在对象整体层面上使没有连接的模型对象整体分裂为多个模型对象。

图7-31

2. "效果器"选项卡

"效果器"选项卡中仅具有"效果器"属性，如图7-32所示，用于为分裂工具添加效果器，例如前面提到的随机效果器，使用前需要添加到此处。创建效果器后，将效果器从对象管理器中拖曳到"效果器"选框，使效果器与分裂工具产生联系，从而在分裂的基础上创造出更多的效果。添加效果器后，"效果器"选项卡如图7-33所示。

图7-32   图7-33

7.1.4 破碎

破碎工具能够使模型对象快速产生破碎效果，如图7-34所示。使用破碎工具时能对破碎数量和破碎部位进行调整，常常配合"刚体"标签一起使用。

在菜单栏中选择"运动图形>破碎（Voronoi）"命令，如图7-35所示，即可创建破碎工具。或者在工具栏中，按住"克隆"图标 并拖动鼠标，在其下拉列表中选择"破碎（Voronoi）"选项，如图7-36所示。选择需要进行破碎的对象，按住"Alt/Option"键并单击"破碎"图标，即可在创建破碎工具的同时将所选择对象添加到"破碎"的子级中，如图7-37所示。

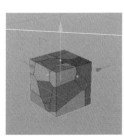

图7-34   图7-35   图7-36   图7-37

在破碎（Voronoi）属性面板中，常使用"对象"和"来源"选项卡，如图7-38所示。"对象"选项卡中包含"MoGraph选集""着色碎片""创建N-Gon面""偏移碎片""反转""仅外壳""厚度""优化并关闭孔洞"等选项，如图7-39所示。

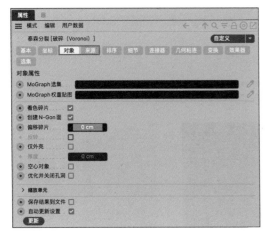

图7-38

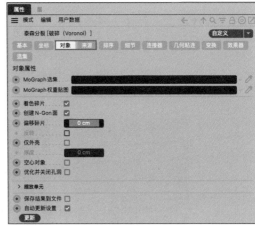

图7-39

"来源"选项卡中包含"显示所有使用的点""视图数量""来源""点生成器-分布""添加分布来源""添加着色器来源"等选项，如图7-40所示。

（1）勾选"显示所有使用的点"复选框后，操作视窗中将显示所有使用的点。

（2）"视图数量"用于设置对象破碎点的数量。

（3）"来源"用于创建或添加生成破碎的依据。

（4）"点生成器-分布"是生成器的一种，可利用生成点产生碎片，用来控制碎片的数量、形状和分布位置等。

（5）"添加分布来源"用于添加分布来源。

（6）"添加着色来源"用于添加着色器，利用着色器实现破碎效果。

对破碎工具而言，"点生成器-分布"是较为常用的破碎设置来源。"点生成器-分布"选项栏中包含"分布形式""点数量""种子"等选项，如图7-41所示。

（7）"分布形式"用于设置点生成器的分布形式，共有"统一""法线""反转法线""指数"4种，如图7-42所示。"统一"表现为破碎均匀分布。"法线"表现为内部破碎数

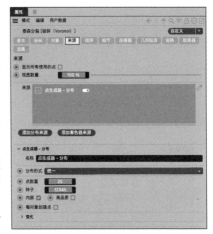

图7-40

量大于表面破碎数量。"反转法线"表现为表面破碎数量大于内部破碎数量。"指数"用于控制碎片集中分布的位置。

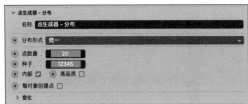

图7-41　　　　　　　　　　　　　　图7-42

（8）"点数量"用于设置点数量，从而影响碎片数量。

（9）"种子"用于设置点随机分布。

7.1.5　追踪对象

"追踪对象"用于跟踪模型对象的运动轨迹，并产生追踪样条，如图7-43所示，这些生成的样条本身就带有样条属性。

在菜单栏中选择"运动图形 > 追踪对象"命令，如图7-44所示，即可创建追踪对象工具。或者在工具栏中。按住"克隆"图标 并拖动鼠标，在其下拉列表中选择"追踪对象"选项，如图7-45所示。

图7-43　　　　　　　　　　图7-44　　　　　　　　　　图7-45

追踪对象工具无须拖曳至对象的子级。在追踪对象工具的对象属性面板中，常用的属性有"追踪链接""追踪模式""追踪激活""追踪顶点""类型""闭合样条"等，如图7-46所示。

（1）"追踪链接"用于设定追踪目标模型对象，将目标模型对象从对象管理器中拖曳到"追踪链接"选框即可完成选定。

（2）"追踪模式"用于设置追踪模式，包括"追踪路径""连接所有对象""连接元素"3种，如图7-47所示。若以使用"追踪顶点"为例，"追踪路径"便以模型对象的顶点为追踪点来追踪产生样条；"连接所有对象"是将多个对象的所有顶点通过样条连接起来；"连接元素"是将单个对象的所有顶点通过样条连接起来。

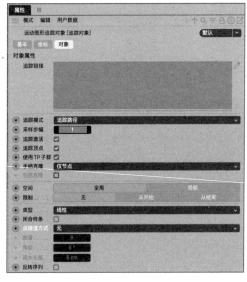

图7-46　　　　　　　　　　　　　　　　图7-47

（3）"追踪激活"用于开启追踪对象功能，勾选该复选框后，追踪对象工具方可生效。

7.1.6　运动样条

运动样条和追踪样条都具有样条属性，能利用样条工具生成模型对象，如图7-48所示。运动样条常用于制作生长动画，以及作为一个可快速调节样条建模参数，或使已有样条的点分布更加均匀等的工具使用。此外，运动样条受效果器和力场影响，这使得用户能够得到很多有趣的效果。

在菜单栏中选择"运动图形 > 运动样条"命令，如图7-49所示，即可创建运动样条工具。或者在工具栏中，按住"克隆"图标📷并拖动鼠标，在其下拉列表中选择"运动样条"选项，如图7-50所示。

图7-48　　　　　　　　　　　图7-49　　　　　　　　　图7-50

运动样条共有3种模式："简单""样条""Turtle"，如图7-51所示。每个模式都会在属性面板中生成对应的选项卡，其中，"对象"选项卡中的选项基本相同，包含"模式""生长模式""开始""终点""偏移""延长起始""排除起始""目标样条"等，如图7-52所示。

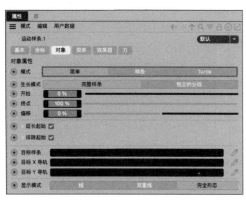

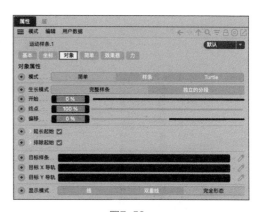

图7-51　　　　　　　　　　　　　　　图7-52

（1）"模式"用于设置运动样条的模式。

（2）"生长模式"用于定义样条生长起点和终点的位置，是以运动样条整体为单位生长，还是以单条样条为单位生长。

（3）"开始"用于设定样条生长起点的位置。

（4）"终点"用于设定样条生长终点的位置。

（5）"偏移"用于设定样条以开始与终点定义的长度在整条样条上的位置。

（6）"延长起始"用于设置样条生长起点之前的样条激活状态及其形态。

（7）"排除起始"用于设置样条生长终点之后的样条激活状态及其形态。

（8）"目标样条"用于添加已转化为可编辑对象的样条，使运动样条曲线能匹配到目标样条。

1. 简单模式

简单模式下的"简单"选项卡如图7-53所示。

（1）"长度"用于设置样条的长度。

（2）"步幅"用于设置样条分段数。分段数越高，样条弯曲越平滑。

（3）"分段"用于设置样条数量。

（4）"角度H"用于控制样条在"H"上的旋转角度。

（5）"角度P"用于控制样条在"P"上的旋转角度。

（6）"角度B"用于控制样条在"B"上的旋转角度。

（7）"曲线"用于调节样条在水平方向上的弯曲程度。

（8）"弯曲"用于调节样条在竖直方向上的弯曲程度。

（9）"扭曲"用于调节样条的弯曲程度。

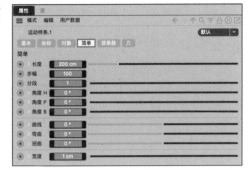

图7-53

2. 样条模式

样条模式下的"样条"选项卡如图7-54所示。

（1）"生成器模式"用于设置生成器的模式。

（2）"源样条"用于设置样条生长的路径。

（3）"源导轨"用于设置扫描线导轨。

（4）"宽度"用于设置样条显示宽度，在扫描等工具中，需在此处控制宽度。

图7-54

3. Turtle模式

Turtle模式下的"Turtle"和"数值"选项卡如图7-55所示。

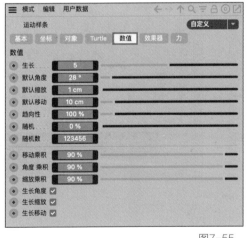

图7-55

（1）"Turtle"选项卡利用L-system设置生长状态（这是Lindenmayer提出的数学模型，应用于植物学研究，读者可自行了解）。

（2）"数值"选项卡用于设置植物生长的各种属性。

7.1.7 实战案例：追踪对象案例

"追踪对象"用于追踪对象的运动路径，在此路径上，用户可以添加细节，优化运动感。例如，为了表现球体在快速运动，可以在球体身后制作线条模型以突出动感。在制作爆炸破碎效果时，利用"破碎"生成器制作的破碎效果是生硬的，此时若利用"追踪对象"工具，在样条上加入粒子发射器来模拟烟雾效果，破碎效果就变得生动起来了。"追踪对象"工具的用处非常广，操作者需要保持探索的态度，寻找更多可能。本案例将利用"追踪对象"工具制作样条环绕效果，最终效果如图7-56所示。

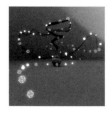

图7-56

资源位置

素材文件　素材文件>CH07>17 案例：追踪对象案例

实例文件　实例文件>CH07>17 案例：追踪对象案例.c4d

技能掌握　掌握Cinema 4D中追踪对象的使用方法

操作步骤

（1）创建宝石体。在右侧工具栏中，按住"立方体"图标并拖动鼠标，在其下拉列表中选择"宝石体"选项，如图7-57所示。在属性管理器中，将宝石体"半径"设置为20cm。

（2）创建晶格。在右侧工具栏中，按住"细分曲面"图标并拖动鼠标，在其下拉列表中选择"晶格"选项，如图7-58所示。

（3）调整晶格参数。在属性管理器中，将晶格的"球体半径"设置为1cm，"圆柱半径"设置为1cm，"细分数"设置为4，如图7-59所示。

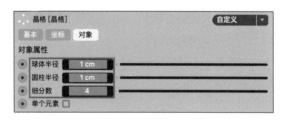

图7-57　　　　　　图7-58　　　　　　　　　图7-59

（4）创建球体。在工具栏中按住"立方体"图标并拖动鼠标，在其下拉列表中选择"球体"选项，如图7-60所示。在属性管理器中，将球体的"半径"设置为10cm，"类型"设置为"六面体"，如图7-61所示。

图7-60　　　　　　　　　　　图7-61

（5）创建扭曲样条。在右侧工具栏中，按住"矩形"图标并拖动鼠标，在其下拉列表中选择"螺旋线"选项，如图7-62所示。在属性管理器中，对螺旋线样条参数进行调整。将"起始半径"设置为0cm，"高度"设置为250cm，"平面"设置为"XZ"，如图7-63所示。

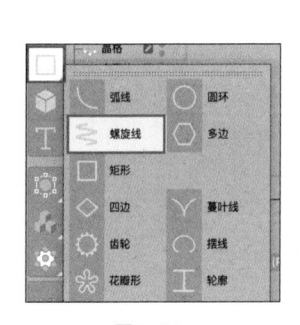

图7-62

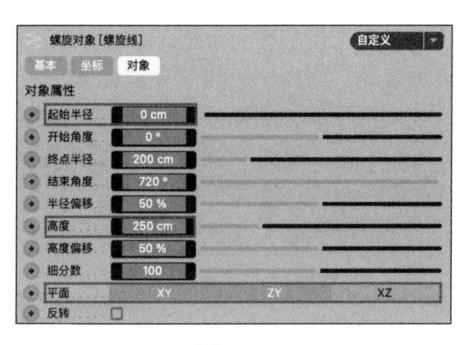

图7-63

（6）创建克隆。在工具栏中，单击"克隆"图标创建克隆，如图7-64所示。将"晶格"与"球体"作为"克隆"的子级。

（7）设置克隆参数。在属性管理器中，对克隆参数进行调整。将"模式"设置为"对象"，"克隆"设置为"随机"，将"螺旋线"样条拖入"对象"属性框中，如图7-65所示。

图7-64

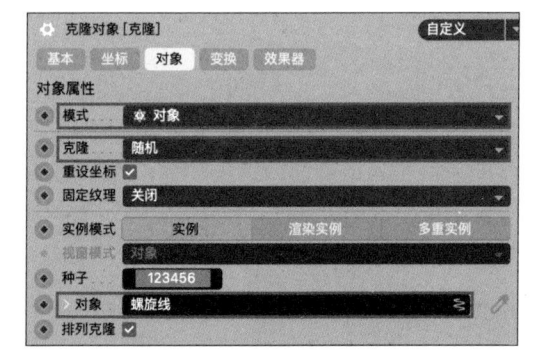

图7-65

（8）创建关键帧。在"工程设置"（快捷键为"Ctrl/Cmd+D"）中，将"最大时长"设置为200F，"预览最大时长"设置为200F。在第0帧时，在属性管理器中，将克隆属性的"偏移"设置为-100%，如图7-66所示。在第150帧处将"偏移"设置为0%，如图7-67所示。在第150帧时，效果如图7-68所示。

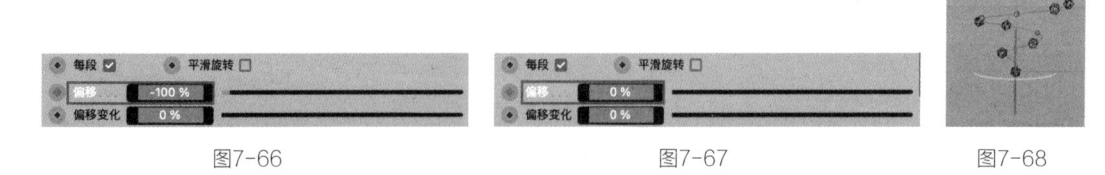

图7-66　　　　　　　　　　　图7-67　　　　　　图7-68

（9）创建随机效果器。在工具栏中，按住"简易"图标并拖动鼠标，在其下拉列表中选择"随机"效果器，将效果器作用于"克隆"生成器，如图7-69所示。在属性管理器中，调整"随机"效果器的参数。打开"参数"选项卡，取消勾选"旋转"和"缩放"复选框，仅勾选"位置"复选框。将"P.Y"设置为0cm，如图7-70所示。打开"效果器"选项卡，将"随机模式"设置为"噪波"，将"动画速率"设置为30%，如图7-71所示。

（10）创建追踪对象。在右侧工具栏中，按住"克隆"图标并拖动鼠标，在其下拉列表中选择"追踪对象"选项，如图7-72所示。在属性管理器中，将"克隆"拖入追踪对象的"追踪链接"选框中，如图7-73所示。单击"播放"按钮，效果如图7-74所示。

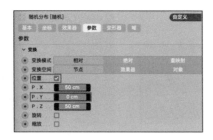

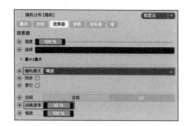

图7-69　　　　　　　　图7-70　　　　　　　　图7-71

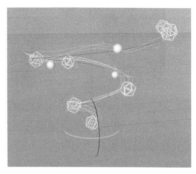

图7-72　　　　　　　　图7-73　　　　　　　　图7-74

（11）创建扫描。在右侧工具栏中，按住"细分曲面"图标·并拖动鼠标，在其下拉列表中选择"扫描"选项，如图7-75所示。将"追踪对象"拖入"扫描"的子级。

（12）创建圆环。在工具栏中按住"矩形"图标□并拖动鼠标，在其下拉列表中选择"圆环"选项，如图7-76所示。在属性管理器中，将圆环的"半径"设置为1cm。在对象管理器中，将"圆环"拖入"扫描"的子级，效果如图7-77所示。

图7-75　　　　　　　　图7-76　　　　　　　　图7-77

（13）调整扫描参数。打开"对象"选项卡，在"细节"选项栏中，将"缩放"坐标系的"起始位置"拖动到1、"结束位置"拖动到0，按住"Ctrl/Cmd"键并单击曲线，在曲线上添加新的锚点，如图7-78所示。调整锚点位置，模型效果如图7-79所示。

（14）创建花瓶。在侧视图中利用样条绘制花瓶轮廓，使用"旋转"生成器快速制作出花瓶，具体细节参考样条建模部分。完成后的效果如图7-80所示。

（15）整体调整。将螺旋样条移动到花瓶瓶口。

（16）创建地板。在右侧工具栏中，按住"天空"图标❸并拖动鼠标，在其下拉列表中选择"地板"选项，创建地板，效果如图7-81所示。

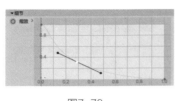
图7-78

图7-79

图7-80

图7-81

（17）利用样条画笔延长扭曲线，创造更多效果。为了便于之后观察和调整，在属性管理器中，将"克隆"数量设置为30。在菜单栏中选择"样条画笔"命令，将螺旋样条转化为可编辑对象后，再利用"样条画笔"修饰并延长扭曲线形态，在三视图中可以更好地观察并调节样条的走向，如图7-82所示。延长扭曲线后效果如图7-83所示。

（18）完善后续工作。对样条多次调整，优化其位置，最后进入材质和渲染阶段。在这个阶段，读者可以根据前期所学知识自行创建。将发光材质赋予球体和晶格，创建陶瓷材质赋予花瓶，创建黑色材质赋予扫描。设置好合适的灯光后，在"渲染设置"窗口中启用"对象辉光"效果，开始渲染。最终效果如图7-84所示。

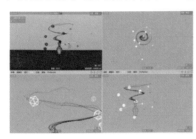
图7-82

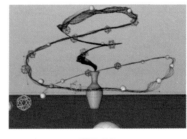
图7-83

图7-84

7.2 变形器

变形器是能够对多边形模型进行变形处理的工具。之所以将"运动挤压"与"多边形FX"单独列为变形器，是因为"运动挤压"与"多边形FX"功能非常强大，能够与其他效果器配合使用，大幅提升创作多样性。

7.2.1 运动挤压

运动挤压用于对多边形模型的各个面进行挤压操作，如图7-85所示。

创建运动挤压。在菜单栏中选择"运动图形 > 运动挤压"命令，如图7-86所示，即可完成变形器的创建。或者在工具栏中按住"克隆"图标并拖动鼠标，在其下拉列表中选择"运动挤压"选项，如图7-87所示。

运动挤压的对象属性面板中包含"变形""挤出步幅""多边形选集""扫描样条"4个属性，如图7-88所示。

（1）"变形"用于调节挤出步幅的生成模式，包括"从根部"和"每步"两种方式，如图7-89所示。"从根部"是指将每一段挤出步幅视为一个整体，"每步"是将各个挤出步幅视为单独的整体，默认为"从根部"。从表现形式上看，两个生成模式所生成的模型非常相似，一般情况下不易区分。而当其在搭配其他效果器，如"随机"效果器时，就能够看到两者之间的区别。

| 图7-85 | 图7-86 | 图7-87 | 图7-88 |

（2）"挤出步幅"用于控制挤出步幅数量，默认参数下，步幅数值越高，挤出部分越多。

（3）"多边形选集"用于限制多边形模型产生挤压的部分。将该多边形模型需要挤压的面创建为选集，将选集添加到该选择框，即可仅使多边形模型的部分面产生挤压效果。

（4）"扫描样条"用于控制多边形模型沿样条形状产生挤压效果。当挤压形状为样条形状时，增加步幅数值不会继续延长挤压效果，而是增加挤压部分细分数，从而获得更加平滑的效果。

在"变换"选项卡中，可以通过调节"位移""旋转""缩放"等的数值对挤压形状进行调整，如图7-90所示。

| 图7-89 | 图7-90 |

7.2.2 多边形FX

"多边形FX"用于对依照模型分段或对样条拆分得到的各多边形进行变形操作，如图7-91所示。

创建多边形FX。在菜单栏中选择"运动图形 > 多边形FX"命令，如图7-92所示，即可创建变形器。或者在工具栏中按住"克隆"图标并拖动鼠标，在其下拉列表中选择"多边形FX"选项，如图7-93所示。

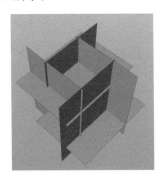

| 图7-91 | 图7-92 | 图7-93 |

运动挤压的对象属性面板中包含"模式"及"保持平滑着色（Phong）"两个属性，如图7-94所示。

（1）"模式"用于选择多边形的拆分方式，拆分方式不同，得到的多边形变形效果也不同。"模式"下拉列表中包含"整体面（Poly）/分段"和"部分面（Polys）/样条"，如图7-95所示。"整体面（Poly）/分段"用于将模型各个多边形拆分为单独的对象，可利用"变换"选项卡或者"效果器"选项卡中的选项，使各个多边形产生形变。"部分面（Polys）/样条"用于将模型沿着选定样条的方向拆分模型的各个面，选择的拆分模型的样条不同，得到的多边形也会有所不同。

图7-94

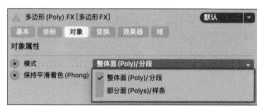
图7-95

（2）"保持平滑着色（Phong）"用于使未产生形变的模型曲面保持平滑着色效果。

7.2.3 实战案例：运动挤压的进阶应用

在本案例中，将通过制作红毛丹模型来讲解运动挤压的进阶应用。红毛丹的最终效果如图7-96所示。"运动挤压"与"挤压"都执行的是挤压命令，但是挤压效果却不同。"运动挤压"能够对多边形模型各个面都进行挤压，可利用这一特性制作水果，如火龙果等。

图7-96

资源位置

素材文件　素材文件>CH07>13 案例：运动挤压的进阶应用

实例文件　实例文件>CH07>13 案例：运动挤压的进阶应用.c4d

技能掌握　掌握在Cinema 4D中运动挤压变形器的进阶应用

操作步骤

1．创建球体

（1）创建球体。在工具栏中按住"立方体"图标并拖动鼠标，在其下拉列表中选择"球体"选项，如图7-97所示。

（2）调整球体参数。在属性管理器中，将球体的"类型"设置为"二十面体"，如图7-98所示。

（3）按"C"键将球体转化为可编辑对象，转化后对象管理器中的图标如图7-99所示。

（4）调节球体缩放。在工具栏中单击"缩放"工具，将球体沿y轴方向进行细微缩放，效果如图7-100所示。

图7-97

图7-98

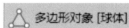
图7-99

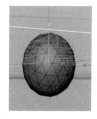
图7-100

2. 创建"置换"变形器

（1）创建"置换"变形器。在工具栏中按住"弯曲"图标  并拖动鼠标，在其下拉列表中选择"置换"选项，如图7-101所示，并将"置换"作为"球体"的子级。

（2）调节"置换"变形器参数。在属性管理器中，打开"着色"选项卡，单击"着色器"旁边的箭头图标 ▼，在打开的下拉列表中选择"噪波"选项，如图7-102所示。

（3）调整噪波参数。单击"噪波"按钮进入编辑器，如图7-103所示。将"对比"设置为45%，如图7-104所示。

（4）对"球体"与"置换"执行"连接对象+删除"操作。在对象管理器中，同时选中"球体"与"置换"，单击鼠标右键，在弹出的快捷菜单中选择"连接对象+删除"命令，如图7-105所示。

图7-101　　　　　图7-102

图7-103

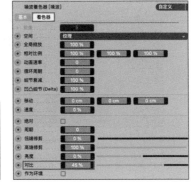

图7-104

图7-105

3. 创建"运动挤压"变形器

（1）创建"运动挤压"变形器。在工具栏中按住"克隆"图标 ✿ 并拖动鼠标，在其下拉列表中选择"运动挤压"选项，如图7-106所示，将"运动挤压"作为"球体"的子级。

（2）调整"运动挤压"变形器的参数。在属性管理器中，打开"对象"选项卡，将"变形"改选为"每步"，"挤出步幅"设置为5，如图7-107所示。打开"变换"选项卡，将"位置.Z"设置为8cm，"缩放.X""缩放.Y""缩放.Z"都设置为0.4，如图7-108所示。

图7-106　　　　　　　　图7-107

图7-108

4. 创建"简易"效果器

（1）创建"简易"效果器。在右侧工具栏中，单击"简易"效果器图标，创建"简易"效果器，如图7-109所示。将"简易"效果器拖入"运动挤压"效果器属性框中。

（2）调整"简易"效果器的参数。在属性管理器中，打开"参数"选项卡，取消勾选"位置"复选框，勾选"等比缩放"复选框，将"缩放"设置为0.2，将"R.H""R.P""R.B"都设置为20°，如图7-110所示。

5. 创建细分曲面

（1）创建细分曲面。在工具栏中，单击"细分曲面"图标，创建细分曲面，如图7-111所示。将"细分曲面"作为"球体"的父级。

（2）建模完成，赋予材质，效果如图7-112所示。

图7-109　　　　　图7-110　　　　　图7-111　　　　图7-112

7.3 命令

本节将对常用命令"隐藏选择"和"切换克隆/矩阵"进行讲解。

7.3.1 隐藏选择

"隐藏选择"命令用于将运动图形生成器所生成的多边形模型以选集的形式暂时隐藏，可以观察生成器的状态，并对其进行细微调整。

启用"隐藏选择"。在对象管理器中选中需要设置选集的生成器，再在菜单栏中选择"运动图形>运动图形选集"命令，如图7-113所示。单击模型对象中出现的对应深色点至黄色，表示该生成器模型被移入选集。按住"Shift"键单击其他多边形模型，即可完成多选，如图7-114所示。在菜单栏中选择"运动图形>隐藏选择"命令，如图7-115所示，即可将选集部分模型隐藏，隐藏后的效果如图7-116所示。

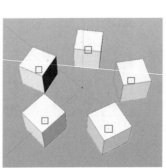

图7-113　　　　图7-114　　　　图7-115　　　　图7-116

7.3.2　切换克隆/矩阵

"克隆"与"矩阵"之间的关系非常微妙，两者十分相似。克隆与矩阵的关系已在7.1.2小节中说明了，此处不赘述。

"切换克隆/矩阵"命令用于将"克隆"与"矩阵"相互切换，使得能够快速调用适配场景效果所需的生成器。

启用"切换克隆/矩阵"。选择需要进行切换的"克隆/矩阵"生成器，在菜单栏中选择"运动图形 > 切换克隆/矩阵"命令即可切换，如图7-117所示。

图7-117

7.4　工具

在制作运动图形时，会用到一些工具来进行辅助。本节将介绍"运动图形选集"和"MoGraph权重绘制画笔"工具。

7.4.1　运动图形选集

"运动图形选集"工具用于为生成器生成的模型对象添加选集。在菜单栏中选择"运动图形 > 运动图形选集"命令，如图7-118所示。单击模型对象中出现的对应深色点至黄色，表示该生成器模型已被移入选集，按住"Shift"键单击其他多边形模型，即可完成多选，如图7-119所示。

图7-118

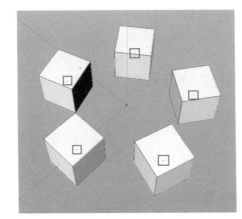

图7-119

7.4.2　MoGraph权重绘制画笔

"MoGraph权重绘制画笔"工具用于设置生成器模型的权重。当生成器模型受到变形器影响时，可通过改变生成器模型的权重来改变模型受到影响的程度。

启用"MoGraph权重绘制画笔"。选择生成器，在菜单栏中选择"运动图形 > MoGraph权重绘制画笔"命令即可启用，如图7-120所示。

启用"MoGraph权重绘制画笔"后，在对象管理器中，生成器后将会出现"MoGraph表达式"图标，属性面板中将会出现"MoGraph权重绘制画笔"，如图7-121所示。利用画笔对需要更改权重的生成器模型进行绘制，同时可利用"强度"和"模式"修改画笔参数。当模型权重为0时，模型中心点呈现橘黄色，权重越高，中心点颜色越亮，如图7-122所示。

图7-120

图7-121

图7-122

7.5 克隆工具

"运动图形"菜单中包含"线性克隆工具""放射克隆工具""网格克隆工具"3个克隆工具，分别对应克隆工具中的3种克隆模式，如图7-123所示。此处克隆工具用于快捷生成克隆对象，以提高克隆效率。克隆生成器已经在7.1.1小节中详细讲解过，此处不赘述。

7.5.1 线性克隆工具

"线性克隆工具"对应的是克隆生成器模式下的"线性"选项，使用此工具生成的克隆对象沿线性排列，如图7-124所示。启用"线性克隆工具"，在对象管理器中选择需要克隆的对象，在菜单栏中选择"运动图形 > 线性克隆工具"命令，如图7-125所示。

图7-123

"线性克隆工具"将会出现在属性面板中，其属性主要包含"起始位置""结束位置""克隆数量"，如图7-126所示。"起始位置"与"结束位置"用于设置克隆对象的起始与结束位置，"克隆数量"用于设置起点与终点之间克隆对象的数量。或者选择"线性克隆工具"后，在操作视窗中拖动鼠标，"线性克隆工具"即可根据拖动轨迹生成克隆对象。需要注意的是，此时在对象管理器中，克隆原始对象并非是移入"克隆"生成器中的，而是复制到克隆生成器中的，所以原始克隆对象的属性不受"克隆"生成器影响。

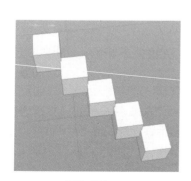

图7-124

图7-125

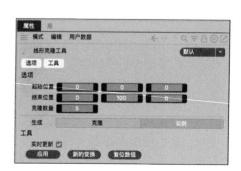

图7-126

7.5.2　放射克隆工具

　　"放射克隆工具"对应的是克隆生成器模式下的"放射"选项，使用此工具生成的克隆对象呈放射状排列，如图7-127所示。启用"放射克隆工具"，在对象管理器中选择需要克隆的对象，在菜单栏中选择"运动图形 > 放射克隆工具"命令，如图7-128所示。

　　"放射克隆工具"将会出现在属性面板中，其属性主要包含"中心""半径""轴向""克隆数量"，如图7-129所示。"中心"用于调整克隆对象放射位置的圆心，"半径"用于调整放射形状半径，"轴向"用于调整放射形状朝向，"克隆数量"用于调节克隆对象的数量。或者选择"放射克隆工具"后，在操作视窗中拖动鼠标，"放射克隆工具"即可根据拖动轨迹生成对应的克隆对象。

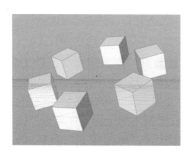

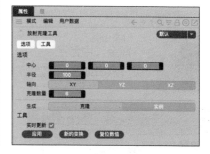

图7-127　　　　　　　　　图7-128　　　　　　　　　图7-129

7.5.3　网格克隆工具

　　"网格克隆工具"对应的是克隆生成器模式下的"网格"选项，使用此工具生成的克隆对象呈网格状排列，如图7-130所示。启用"网格克隆工具"，在对象管理器中选择需要克隆的对象，在菜单栏中选择"运动图形 > 网格克隆工具"命令，如图7-131所示。

　　"网格克隆工具"将会出现在属性面板中，其属性主要包含"中心""尺寸""克隆数量"，如图7-132所示。"中心"用于调整克隆对象网格的中心位置，"尺寸"用于调节克隆网格尺寸，"克隆数量"用于调节克隆对象在3个轴向上的数量。或者选择"网格克隆工具"后，在操作视窗中拖动鼠标，"网格克隆工具"即可根据拖动轨迹生成对应的克隆对象。

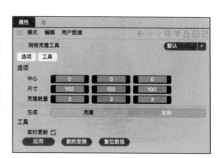

图7-130　　　　　　　　　图7-131　　　　　　　　　图7-132

7.6 效果器

一个效果器能够产生单一效果，多个效果器联合使用能够产生复合效果。效果器常应用于多边形对象和运动图形工具，可见，效果器具有多种可能性。在了解效果器的过程中，要避免死记硬背参数，了解参数背后的原因和每个参数所影响的效果很重要。

7.6.1 简易

"简易"效果器用于改变对象的"位置""缩放""旋转"等基本属性，相较于其他效果器更为简单。

创建"简易"效果器。在菜单栏中选择"运动图形 > 效果器 > 简易"命令，即可在对象管理器中生成"简易"效果器，如图7-133所示。

或者在工具栏中单击"简易"图标，如图7-134所示。效果器应当处于受影响对象的子级。若配合运动图形工具使用，应将效果器拖动到运动图形工具的"效果器"选项卡下，如图7-135所示。

图7-133   图7-134   图7-135

在属性面板中，"简易"效果器常用的选项卡有"效果器""参数""域"，如图7-136所示。

"效果器"选项卡中，可通过调节"强度"来改变效果器的影响程度，如图7-137所示。

图7-136   图7-137

"参数"选项卡中主要包括"位置""缩放""旋转"等属性，如图7-138所示。

（1）"位置"用于调节对象在空间中的位置属性。

（2）"缩放"用于调节对象在空间中的缩放属性，可将对象沿x、y、z这3轴方向进行缩放，勾选"等比缩放"复选框可使对象等比缩放。

（3）"旋转"用于调节对象在空间中的旋转属性。

"域"选项卡中包含"域"属性等，如图7-139所示，用户可以通过设置"域"范围来调节效果器的影响范围。双击属性面板空白区域可以生成默认球体域，也可拖动"球体域"打开其下拉列表以选择其他域类型。

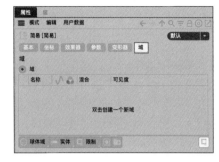

图7-138   图7-139

7.6.2 延迟

"延迟"效果器用于修饰对象的运动状态。在对象的运动过程中，为了改变对象运动过于生硬的效果，可以加入"延迟"效果器，使其产生平滑过渡或回弹效果。

创建"延迟"效果器。在菜单栏中选择"运动图形>效果器>延迟"命令，即可在对象管理器中生成"延迟"效果器，如图7-140所示。

或者在工具栏中，按住"简易"图标并拖动鼠标，在其下拉列表中选择"延迟"选项，如图7-141所示。在配合运动图形工具使用时，应当将"延迟"效果器拖动到运动图形工具的"效果器"选项卡下，如图7-142所示。

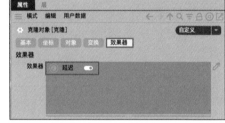

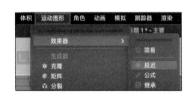

图7-140   图7-141   图7-142

在属性面板中，"延迟"效果器主要需要调节"效果器"选项卡中的"强度"和"模式"属性，如图7-143所示。

（1）"强度"用于调节延迟效果的强度。

（2）"模式"用于调节延迟效果的模式，共有"平均""混合""弹簧"3种，如图7-144所示。

"延迟"效果器可以和多种运动图形效果相匹配，但对静止对象是不起作用的。

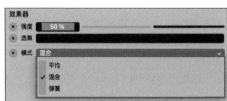

图7-143   图7-144

7.6.3 推散

"推散"效果器用于将对象推散，避免产生穿插，其参数设置较为简易。

创建"推散"效果器。在菜单栏中选择"运动图形>效果器>推散"命令，如图7-145所示，即可在对象管理器中生成"推散"效果器。

或者在工具栏中，按住"简易"图标并拖动鼠标，在其下拉列表中选择"推散"选项，如图7-146所示。配合运动图形工具使用时，应当将效果器拖动到运动图形工具的"效果器"选框下，如图7-147所示。

图7-145   图7-146   图7-147

在属性面板中，"推散"效果器主要需要调节"效果器"选项卡中的"强度""模式""半径"属性，如图7-148所示。

（1）"强度"用于调节"推散"效果器产生的效果强度。

（2）"模式"用于调节"推散"效果器的模式，包含"隐藏""推离""分散缩放""沿着X""沿着Y""沿着Z"6种，如图7-149所示。不同模式下的推离/推散效果有所不同。

图7-148   图7-149

（3）"半径"用于调节"推散"效果器的半径。当推散半径小于推散对象时，"推散"效果器无效。

7.6.4 随机

"随机"效果器用于使对象产生位移、缩放和旋转等随机效果。通过设定不同的随机模式，可以使对象产生不同的运动效果。

创建"随机"效果器。在菜单栏中选择"运动图形 > 效果器 > 随机"命令，即可在对象管理器中生成"随机"效果器，如图7-150所示。

或者在工具栏中，按住"简易"图标 并拖动鼠标，在其下拉列表中选择"随机"选项，如图7-151所示。配合使用运动图形工具时，应当将效果器拖动到运动图形工具的"效果器"选框下，如图7-152所示。

图7-150　　　　　　　　　　图7-151　　　　　　　　　　图7-152

在属性面板中，"随机"效果器主要需要调节"效果器"和"参数"选项卡中的"强度""随机模式""位置/缩放/旋转"等属性，如图7-153所示。

（1）"强度"用于调节"随机"效果器的强度。

（2）"随机模式"用于调节"随机"效果器的模式，包含"随机""高斯（Gaussian）""噪波""湍流""类别"5种类型，如图7-154所示。其中"噪波"和"湍流"能够使对象产生运动效果，当"随机模式"调整为"噪波"或"湍流"时，属性面板中将出现"空间""动画速率""缩放"等属性，这些属性可以对运动效果进行更细致的设置。

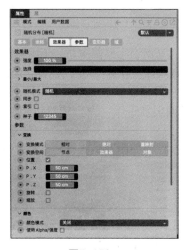

图7-153　　　　　　　　　　　　图7-154

（3）"位置/缩放/旋转"用于调节"随机"效果器所影响的因素。勾选对应属性后，"随机"效果器将在"位置/缩放/旋转"属性下对对象产生影响，同时可以调节参数，从而调节"随机"效果器在不同属性下的影响程度。

7.6.5　实战案例："随机"效果器的应用

"随机"效果器用于为画面提供随机效果，有"位置""缩放""旋转"等随机属性可供选择。本案例将用"随机"效果器结合克隆生成器创造出随着文字实体浮动的效果，以掌握"随机"效果器的应用方法，最终效果如图7-155所示。

图7-155

资源位置

素材文件　素材文件>CH07>14 案例："随机"效果器的应用

实例文件　实例文件>CH07>14 案例："随机"效果器的应用

技能掌握　掌握Cinema 4D中"随机"效果器的功能和应用方法

操作步骤

1．创建文本模型

（1）创建文本。在工具栏中单击"文本样条"图标，如图7-156所示，即可创建文本样条。

（2）调整文本参数。在属性管理器中"对象"选项卡的"文本"属性框中可以输入文字，在此输入"C4D"，也可在属性管理器中设置"字体"等参数，如图7-157所示。

（3）为文字样条挤压出厚度。在右侧工具栏中，按住"细分曲面"图标 ● 并拖动鼠标，在其下拉列表中选择"挤压"选项，如图7-158所示。将"文本样条"作为"挤压"的子级，如图7-159所示。

图7-156　　　　　　　　　　图7-157　　　　　　　　　　图7-158

（4）调节挤压参数。在属性管理器中的"对象"选项卡下，将"偏移"设置为80cm，如图7-160所示。最终效果如图7-161所示。

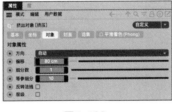

图7-159　　　　　　　　　　图7-160　　　　　　　　　　图7-161

（5）将"挤压"整体复制，得到"挤压.1"作为备用对象，以方便后续晶格的制作。

2．创建晶格模型

（1）创建晶格。在右侧工具栏中，按住"细分曲面"图标 ● 并拖动鼠标，在其下拉列表中选择"晶格"选项，如图7-162所示。将"晶格"作为"挤压.1"的父级，如图7-163所示。

图7-162　　　　　　　　　　图7-163

（2）调节晶格参数。在属性管理器中对晶格参数进行调整，将"圆柱半径"设置为2cm，"球体半径"设置为2cm，"细分数"设置为8，如图7-164所示。此时画面效果如图7-165所示。

图7-164

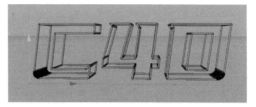

图7-165

3. 制作对象克隆效果

（1）创建球体，如图7-166所示。在属性管理器中，将"球体半径"设置为20cm。

（2）创建克隆生成器。在工具栏中单击"克隆"图标 ⚙️，如图7-167所示。将"球体"作为"克隆"的子级，在属性管理器中对"克隆"参数进行调整，将"模式"设置为"对象"，将"挤压"拖入"对象"属性框中，并且将"数量"设置为200，如图7-168所示。在对象管理器中，单击"挤压"右侧的竖直分布两点至红色，这两点分别代表"编辑器视窗显示"与"渲染器显示"，两点为红色时表示操作视窗以及渲染器中均不显示克隆对象，两点如图7-169所示。此时效果如图7-170所示。

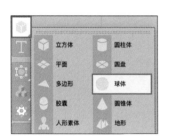

图7-166

图7-167

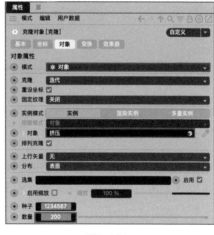

图7-168

图7-169

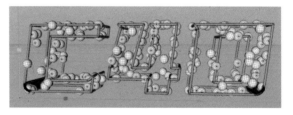

图7-170

4. 制作随机效果

（1）创建随机效果器。在工具栏中，按住"简易"图标 并拖动鼠标，在其下拉列表中选择"随机"选项，如图7-171所示。将"随机"效果器作用于"克隆"。

（2）调节"随机"效果器的参数。在属性管理器中的"参数"选项卡下，勾选"位置""缩放""等比缩放"复选框，将"P.X""P.Y""P.Z"均设置为10cm，将"缩放"设置为2，如图7-172所示。在"效果器"选项卡下，将"随机模式"设置为"噪波"，如图7-173所示，"随机"效果器将会根据噪波生成动画，单击"播放"键即可预览。

图7-171

图7-172

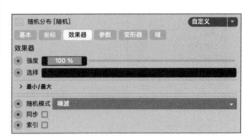
图7-173

（3）根据现有画面，依据个人喜好创建背景、匹配材质和灯光、渲染，最终效果如图7-174所示。

图7-174

7.7 刚体

刚体系统是动力学模拟中十分常用的系统。制作小球掉落到地板、物体破碎等效果时，可以利用Cinema 4D的运动学模拟来制作，如图7-175和图7-176所示。

刚体是在运动受力下，不发生形变的物体。所以刚体常被用来模拟硬质的物体，如玻璃、硬塑料、石头等，如图7-177所示。下面将对刚体的4个常用属性选项卡进行讲解。

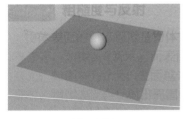

图7-175

图7-176

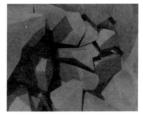
图7-177

创建"刚体"标签，如图7-178所示。创建刚体是通过创建"刚体"标签实现的，这相当于为多边形模型对象赋予"刚体"标签。创建"刚体"标签有两种方式：在对象管理器中，通过右击需要赋予标签的多边形模型对象，在弹出的快捷菜单中选择"子弹标签＞刚体"命令，即可完成标签创建，如图7-179所示；或者选中多边形模型对象，在对象管理器菜单栏中选择"标签＞子弹标签＞刚体"命令，如图7-180所示。

图7-178

图7-179

图7-180

在初始状态下，单击"向前播放"按钮 ▶，可以观察到被赋予"刚体"标签的多边形模型受重力影响向下坠落。

7.7.1 动力学

单击"刚体"标签，属性管理器中将出现"力学体标签"，其中"动力学"选项卡用于调节动力学属性。在"动力学"选项卡下，常用属性包含"启用""动力学""设置初始形态""清除初状态""激发""自定义初速度""惰性化"等，如图7-181所示。

（1）"启用"用于设置是否启用动力学，勾选该复选框表示启用。

（2）"动力学"用于设置动力学模式，主要有3种状态："开启""关闭""检测"，如图7-182所示。这3种状态分别对应"刚体""碰撞体""检测体"。"碰撞体"是指与其他物体发生碰撞，并且不会对自身产生任何影响的物体。"检测体"用于检测与物体发生碰撞时的碰撞信号，并不会影响物体原本运动属性。

图7-181

图7-182

（3）"设置初始形态"用于设置物体当前状态为初始状态。

（4）"清除初状态"用于清除设置的初始状态属性。

（5）"激发"用于设定激发动力学的模式，主要包含"立即""在峰速""开启碰撞""由XPresso"等，如图7-183所示。"立即"是指播放动画后即刻应用动力学；"在峰速"是指物体在达到最快速度时启用动力学；"开启碰撞"是指物体在受到碰撞后启用动力学；"由XPresso"是指利用XPresso编辑器启用动力学。

图7-183

（6）"自定义初速度"用于设定物体运动的起始速度，勾选该复选框后即可启用。

7.7.2 碰撞

单击"刚体"标签，属性管理器中将出现"力学体标签"，其中"碰撞"选项卡用于调节碰撞属性。"碰撞"选项卡中，常用属性包含"继承标签""独立元素""本体碰撞""使用已变形对象""外形""尺寸增减""反弹""摩擦力""碰撞噪波"等，如图7-184所示。

（1）"继承标签"用于设置该对象层级下的其他对象是否具有动力学属性，其下拉列表中包含"无""应用标签到子级""复合碰撞外形"3个选项，如图7-185所示。当赋予第一层级动力学标签后，继承标签选择"无"，则其子级对象将不具备动力学属性；继承标签选择"应用标签到子级"，则各个子级均具有动力学属性；继承标签选择"复合碰撞外形"，则该对象及其子级将被视为一个具有动力学属性的整体。

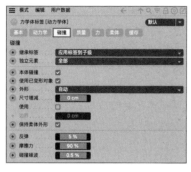

图7-184　　　　　　　　　　　图7-185

（2）"独立元素"用于将整体划分为不同大小的单位作为作用对象，其下拉列表包含"关闭""顶层""第二阶段""全部"4个选项，如图7-186所示。"关闭"是指将整体作为动力学单位。"顶层"是将模型细分的各部分进行组合，视为多个整体。"第二阶段"是在顶层的基础上继续细分模型，将更小的各部分进行组合，视为更多的整体。将独立元素设置为"全部"，当克隆对象与地板发生碰撞时，每个克隆对象都能单独地与地板发生碰撞。

（3）"外形"用于为对象设置外形。这常用于计算大量碰撞时，帮助简化或模拟模型碰撞，从而减少使用计算机算力资源。在"工程设置"的"动力学"选项卡中启用"可视化"，即可观察到外形情况。启动"工程设置"面板的快捷键为"Ctrl/Cmd+D"。常见问题：在碰撞过程中，其他物体无法穿过圆环等中空物体，此时需要将"外形"设置为"动态网格"，如图7-187所示。

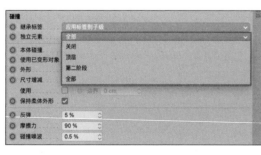

图7-186　　　　　　　　　　　图7-187

7.7.3 质量

"质量"用于设定物体的质量以及质量在物体内部的分布，这有利于更好地表现物体材质属性及物体重心。单击"刚体"标签，属性管理器中将出现"力学体标签"，其中"质量"选项卡用于调节质量属性。在"质量"选项卡下，常用属性包含"使用""密度""旋转的质量""自定义中心""中心"，如图7-188所示。

"使用"用于设置物体具有质量的标准，分为"全局密度""自定义密度""自定义质量"，如图7-189所示。"全局密度"是指将模型对象全部视为同一密度，物体体积越大，质量也就越大。"自定义密度"用于设置模型对象的密度，同等体积下，密度越大，质量越大。"自定义质量"用于直接设置模型对象的质量。

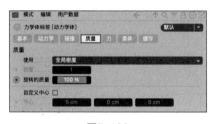

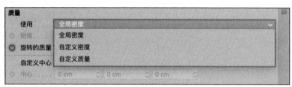

图7-188   图7-189

7.7.4 力

"力"选项卡用于调节对象运动时的受力情况。

单击"刚体"标签，属性管理器中将出现"力学体标签"，其中"力"选项卡用于调节力属性，其常用属性包含"跟随位移""跟随旋转""线性阻尼""角度阻尼""力 模式""力 列表""粘滞""升力"，如图7-190所示。

（1）"跟随位移"用于控制动力学对象维持原有状态的位移属性。触发运动后，对象可能受到其他力的影响产生位移，这些力可能是重力、碰撞推力等，使用跟随位移可以使对象以不同程度维持原有状态。数值越高，维持原状态的能力越强；数值越低，维持原状态的能力越差。

（2）"跟随旋转"用于调节动力学对象维持原有状态的旋转属性，其原理与"跟随位移"类似。

（3）"线性阻尼"用于调节动力学对象维持原有状态而产生的线性阻尼。将球堆阻尼调为0时，把小球放置到球堆中，小球会慢慢没入球堆中；将球堆阻尼调为100时，小球会漂浮在球堆上。

（4）"角度阻尼"用于调节动力学对象维持原有状态而产生的具有方向的阻尼，其原理与"线性阻尼"类似。

（5）"力 模式"用于设置场景中多个力场对该运动学对象的影响，其模式共有"包括"和"排除"两种，如图7-191所示。"包括"相当于加法，适用于运动学对象需要受到风力影响时，"排除"相当于减法，适用于运动学对象不需要受到风力影响时，可以在对象管理器中，将"风力"拖入"力 列表"。

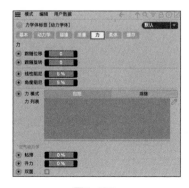

图7-190   图7-191

7.7.5 **实战案例：物体破碎**

物体破碎看似复杂，其实在实际运用中，若不涉及特别多的细节，其操作也是相对简单的。在生活中，经常能够观察到物体破碎的场景，Cinema 4D将破碎功能内嵌在软件中，用户可以通过"破碎"生成器快速实现破碎效果。这也是刚体动力学中非常重要的一部分，本小节将制作物体的破碎效果，并利用"域"来限制其范围，以获得碎片效果，最终效果如图7-192所示。

图7-192

资源位置

素材文件	素材文件>CH07>15 案例：物体破碎
实例文件	实例文件>CH07>15 案例：物体破碎.c4d
技能掌握	掌握在Cinema 4D中制作物体破碎的方法

微课视频

操作步骤

1. 样条文字建模

（1）创建文本模型。在右侧工具栏中，单击"文本样条"图标即可创建文本模型，如图7-193所示。

（2）键入文本内容。在属性管理器的对象属性文本框中输入"X"或其他字符，并设置合适的字体，如图7-194所示。

图7-193

图7-194

（3）使用挤压工具。在右侧工具栏中，按住"细分曲面"图标 ● 并拖动，在其下拉列表中选择"挤压"选项，如图7-195所示。

（4）挤压文本样条。在对象管理器中，将"文本样条"设置为"挤压"的子级，此时这个"文本样条"将作为多边形模型存在。在属性管理中，打开"封盖"选项卡，在此处可以为模型设置倒角，将"尺寸"修改为3cm，勾选"延展外形"，将"高度"设置为8cm，将"外形深度"设置为-100%，如图7-196所示。

完成上述操作后，得到的模型如图7-197所示。

图7-195

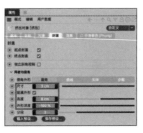

图7-196

图7-197

2. 创建破碎效果

（1）创建"破碎"生成器。在工具栏中，按住"克隆"图标 ✿ 并拖动鼠标，在其下拉列表中选择"破碎（Voronoi）"选项，如图7-198所示。

（2）为模型添加破碎效果。将"挤压"拖入"破碎"的子级，如图7-199所示。此时可观察到模型上出现各种颜色各异的色块，其中每种不相邻的颜色代表不同的碎块，如图7-200所示。

图7-198

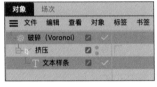
图7-199

图7-200

（3）调整破碎参数。在属性管理器中，打开"来源"选项卡，选择"点生成器-分布"，将"点数量"设置为50，即可得到50块"X"的碎片，如图7-201所示。

3. 创建消散效果

（1）创建"推散"效果器。在工具栏中，按住"简易"图标 并拖动鼠标，在其下拉列表中选择"推散"选项，如图7-202所示。将"推散"移入"破碎"效果

图7-201

器选框中，如图7-203所示。在属性管理器中，将"推散"效果器的"强度"适当调低后，可观察到"X"破碎效果，如图7-204所示。

图7-202

图7-203

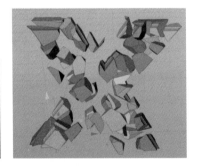
图7-204

（2）调节推散参数。在属性管理器中，将"推散"效果器的"强度"设置为100%，"模式"设置为"分散缩放"。创建"球体域"。打开"衰减"选项卡，按住左下角"线性域/球体域"图标并拖动鼠标，在其下拉列表中选择"球体域"选项，如图7-205所示。

（3）调整球体域大小。在"分散缩放"模式下，碎块不仅会产生分散效果，还会产生缩放效果。此时将"球体域"内层的球体放大至能够完全覆盖"X"字母，如图7-206所示。

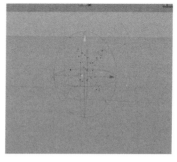

图7-205　　　　　　　　　　　　　　　　图7-206

（4）在工具栏中创建一个"随机"效果器，如图7-207所示。将"随机"效果器与"破碎"生成器相关联，使随机效果作用于"破碎"生成器，如图7-208所示。

图7-207　　　　　　　　　　　　　　　　图7-208

（5）设置"随机"效果器的"域"。选择"随机"效果器，在属性管理器中，选择"衰减"，将"推散"效果器的"球体域"拖曳到"随机"效果器的"域"属性框中，同时作为"随机"效果器的域，如图7-209所示。此时只控制"球体域"就会同时出现"随机"和"推散"效果。

（6）调节"随机"效果器参数。在属性管理器中，打开"参数"选项卡，勾选"旋转""位置""缩放""等比缩放"复选框，将"P.X""P.Y""P.Z"都设置为50cm，"缩放"设置为0.71，"R.H""R.P""R.B"都设置为15°，如图7-210所示。

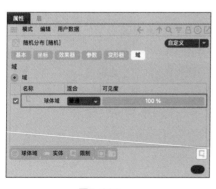

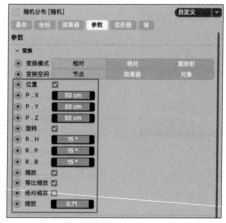

图7-209　　　　　　　　　　　　　　　　图7-210

（7）适当调节碎片数量。若认为破碎生成的碎片太少或太多，可根据实际情况调整碎片数量。在属性管理器中，打开"来源"选项卡，单击"点生成器"，将"点数量"设置为合适的数值。

（8）调整球体域的位置。将球体域放在中间，使其包裹住"X"模型，此时"X"模型将消失，如图7-211所示。

4. 创建碎片聚合动画

（1）调整工程设置。在属性管理器中，进入"工程"模式。在菜单栏中选择"模式>工程"命令。在"工程设置"选项卡下，将"帧率"设置为25，"最大时长"设置为100F，"预览最大"设置为100F，如图7-212所示。

（2）设置第0帧。将时间轴拖动到第0帧，此时球体域应当完全覆盖"X"模型，"X"模型消失，如图7-213所示，单击"记录活动对象"按钮。

图7-211

（3）设置第100帧。将时间轴拖动到第100帧，此时将球体域下移离开"X"模型范围，使得整个模型重新出现，如图7-214所示，单击"记录活动对象"按钮添加关键帧。

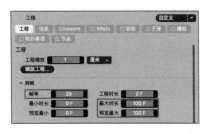

图7-212

图7-213

图7-214

5. 创建摄像机动画

（1）创建摄像机。在工具栏中单击"摄像机"图标即可创建，此时画面停留在"X"模型上半部分，如图7-215所示，将时间轴移动到第0帧，单击"记录活动对象"按钮设定关键帧。

（2）设定关键帧。此时画面停留在"X"模型下半部分，如图7-216所示，将时间轴移动到第100帧，单击"记录活动对象"按钮设定关键帧。

图7-215

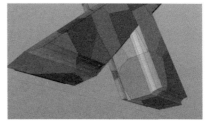

图7-216

6. 创建材质

（1）在菜单栏中选择"窗口>材质管理器"命令。在材质管理器中新建"材质"。打开"材质编辑器"，勾选"发光"复选框，在选项卡中加载"纹理"，单击"纹理"旁的 图标，打开下拉列表，选择"表面>棋盘"选项，如图7-217所示。

（2）调整"棋盘"参数。单击"棋盘"进入编辑器，将"U频率"设置为0，如图7-218所示，得到条纹效果。

（3）在"反射"选项卡中，将"类型"设置为"GGX"，"菲涅耳"设置为"导体"，"预置"设置为"银"，设置"反射强度"为30%、"粗糙度"为5%，如图7-219所示。

  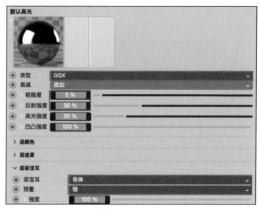

图7-217　　　　　　图7-218　　　　　　　　图7-219

（4）设置"辉光"。勾选材质管理器右侧"辉光"复选框，将"内部强度"修改为20%，"外部强度"修改为30%，如图7-220所示。

（5）调节贴图。将"材质"赋予给"X"模型。在对象管理器中，单击"材质标签"，调节其贴图投射参数，将"偏移U"设置为0%，"偏移V"设置为69%，"长度V"设置为1151%，"平铺V"设置为0.087，如图7-221所示，参数仅供参考。此时效果如图7-222所示。

图7-220　　　　　　图7-221　　　　　　　图7-222

7. 编辑渲染设置

进入"渲染设置"，单击"输出"按钮，将"帧范围"设置为"全部帧"，如图7-223所示，也可根据需求手动更改帧区间。在"保存"选项卡下，设置保存路径和保存格式。

最终渲染效果如图7-224所示。

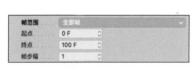 

图7-223　　　　　　图7-224

7.8 动力学——柔体

"柔体"系统是动力学模拟中十分常用的系统。当制作如弹跳小球、棉花糖等效果时，可以利用Cinema 4D中的运动学模拟柔体来制作，如图7-225所示。柔体也是基本系统之一。柔体较刚体的区别在于，柔体是在运动受力下，产生形变的物体。柔体常用于模拟软质的物体。

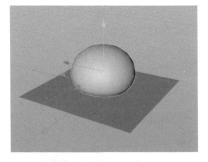

图7-225

　　创建"柔体"标签，如图7-226所示。创建"柔体"是通过创建"柔体"标签实现的，创建"柔体"标签同样有两种方式：在对象管理器中，通过右击需要赋予标签的多边形模型对象，在弹出的快捷菜单中选择"子弹标签 > 柔体"命令，即可完成标签创建，如图7-227所示；或者选中多边形模型对象，在对象管理器菜单栏中选择"标签 > 子弹标签 > 柔体"命令，如图7-228所示。

图7-226

图7-227

图7-228

　　在初始状态下，单击"向前播放"按钮，可以观察到被赋予"柔体"标签的多边形模型对象受重力影响向下坠落，并且产生形变。若此时柔体对象与地板发生穿插，如图7-229所示，则可在属性管理器中打开"工程设置"，快捷键为"Ctrl/Cmd+D"，打开"子弹"选项卡，再打开"高级"选项卡，增加"步每帧"的数值以避免这种情况。"步每帧"默认数值为5，如图7-230所示，"步每帧"的数值不宜过高，以免浪费计算机资源。

　　"柔体"选项卡中有4项基本属性，分别是"柔体""弹簧""保持外形""压力"，如图7-231所示，下面将对这4项基本属性进行讲解。

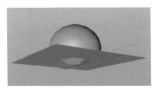

图7-229

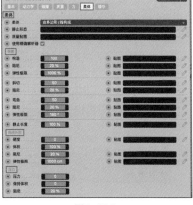

图7-230

图7-231

7.8.1　柔体

　　"柔体"用于开启"力学体标签"柔体、设定柔体的形态变化及柔体权重。

　　在属性管理器中，柔体具有"柔体""静止形态""质量贴图"等属性，如图7-232所示。

图7-232

（1）"柔体"用于设置柔体的构成。创建刚体时，其属性管理器中同样包含"柔体"选项卡，其"柔体"选项显示为"关闭"，如图7-233所示。而创建"柔体"标签后，"柔体"选项将被打开，并显示"由多边形/线构成"，如图7-234所示。若在创建"刚体"标签后，将"柔体"选项由"关闭"改选为"由多边形/线构成"，此时对象管理器中的"刚体"标签图标则转变为"柔体"标签图标，对象具有柔体属性。

图7-233

图7-234

（2）"静止形态"用于绑定柔体对象能够变形的特定形态，需要注意的是，柔体对象本身的顶点数要与变形形态的顶点数一致。将变形的特定形态拖曳到"静止形态"属性框中即可完成绑定。

（3）"质量贴图"用于设置柔体对象顶点的权重。在一个柔体对象中，若仅需要使某部分产生柔体效果，可以将绘制好的顶点贴图拖曳到"质量贴图"属性框中，如图7-235所示。"权重"表示重要程度，根据权重贴图能够使软件识别出各部分的重要程度，从而将属性以不同程度赋予到对象。

图7-235

7.8.2 弹簧

"弹簧"用于设置柔体对象自身表面的属性，可以从局部视角出发，观察面和面之间的变化。这些属性功能是不同的，但通过柔体对象模拟产生的现象又有些相似，所以需要理解各个属性的含义并且加以区分。如果不能理解各部分的含义，那么调整柔体属性参数时将容易发生混淆，其属性面板可以大致分为3个板块，分别是"构造""斜切""弯曲"，如图7-236所示。

在属性管理器中，"弹簧"具有"构造""阻尼""弹性极限"（属于"构造"板块）、"斜切""阻尼"（属于"斜切"板块）"弯曲""阻尼""弹性极限"（属于"弯曲"板块）等属性，如图7-237所示。下面按图7-237中从上到下的顺序对这些属性进行简单介绍。

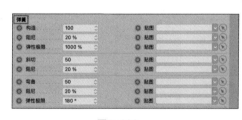

图7-236

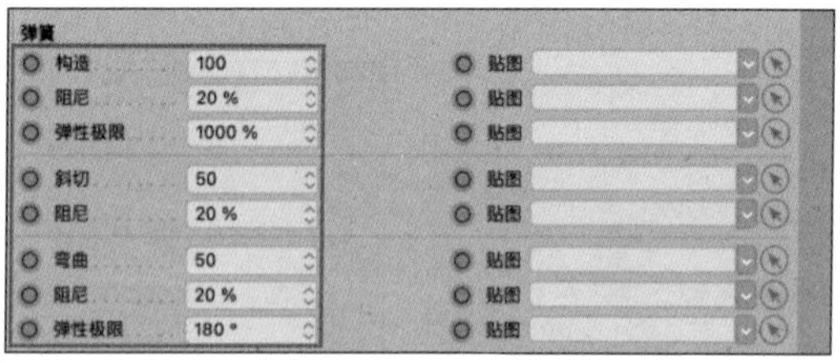

图7-237

（1）"构造"用于设置柔体对象各个面的弹性延展能力。数值越低，弹性延展能力越强；数值越高，弹性延展能力越弱。强弱对比如图7-238与图7-239所示。

（2）"阻尼"用于调节弹性延展过程中的阻尼。

（3）"弹性极限"用于设定弹性延展的极限。若弹性延展超过极限，则将会不受到构造属性限制。

（4）"斜切"用于设置柔体对象表面的斜切运动属性。通过斜切面，可以使柔体对象获得斜切方向运动趋势。

（5）"阻尼"用于调节斜切阻尼。

（6）"弯曲"用于设置柔体对象面与面之间的折叠能力。数值越低，折叠能力越强，从而使得柔体对象表面的弯曲能力增强；数值越高，折叠能力越弱，柔体对象表面的弯曲能力也就越弱，强弱能力对比如图7-240和图7-241所示。

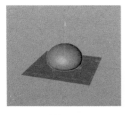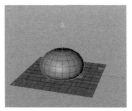

图7-238　　　　　　　图7-239　　　　　　　图7-240　　　　　　　图7-241

（7）"阻尼"用于调整柔体对象表面的弯曲阻尼。

（8）"弹性极限"用于设定弯曲能力的极限。当弯曲能力超越极限时，则超出部分的面将不受弯曲属性限制。

7.8.3　保持外形

"保持外形"用于设置柔体对象保持原有外形的能力，可以从整体视角切入观察。

在属性管理器中，"保持外形"的常用属性有"硬度""体积""阻尼"等，如图7-242所示。

图7-242

（1）"硬度"用于调节模型对象保持原有形态的能力。硬度越高，则模型对象越趋近于原有的形态。

（2）"体积"用于调节模型对象保持原有体积的能力。

（3）"阻尼"用于调节模型对象保持外形的阻尼。

7.8.4　压力

"压力"用于设置模型对象内部的压力。

在属性管理器中，"压力"的属性有"压力""保持体积""阻尼"，如图7-243所示。

（1）"压力"用于调节模型物体内部的压力，压力增大时会导致物体体积增大。

（2）"保持体积"用于调节模型物体保持原有体积的能力。

（3）"阻尼"用于调节压力变化的阻尼。

图7-243

7.8.5　实战案例：小球弹跳

小球弹跳案例是根据柔体动力学制作的，其中"弹跳"这个过程依赖于柔体形变、碰撞体碰撞。在本案例中，将结合"碰撞体""柔体"等动力学工具创造出有趣的小球弹跳效果，最终效果如图7-244所示。

图7-244

资源位置

素材文件	素材文件>CH07>16 案例：小球弹跳
实例文件	实例文件>CH07>16 案例：小球弹跳.c4d
技能掌握	掌握Cinema 4D中的柔体动力学的应用

操作步骤

1. 阶梯场景建模

（1）创建立方体。在工具栏中，单击"立方体"图标即可创建立方体。对立方体参数进行调整，将"尺寸.X"设置为60cm，"尺寸.Y"设置为200cm，"尺寸.Z"设置为200cm，"分段X"设置为1，"分段Y"设置为4，"分段Z"设置为4，如图7-245所示。

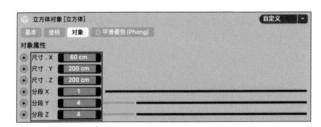

图7-245

（2）将"立方体"转化为可编辑对象（快捷键为"C"），单击顶部工具栏中的"面"图标进入"面模式"，如图7-246所示。

（3）挤压立方体。利用"实时选择"工具选择立方体的12个面，如图7-247所示。按"D"键快速使用"挤压"工具，在操作视窗空白处拖曳即可完成挤压。在属性管理器中，将"偏移"设置为60cm，如图7-248所示。

图7-246　　　　　　　图7-247　　　　　　　　　　　图7-248

（4）重复挤压。重复上述操作，由上往下逐次减少一排面的数量进行挤压操作，最终效果如图7-249所示。

（5）制作地毯。利用"实时选择"工具，在"面"模式下选择楼梯中间部分的面，如图7-250所示。选择完成后，单击鼠标右键，在弹出的快捷菜单中选择"分裂"命令（快捷键为"U～P"），如图7-251所示，即可使这组面脱离模型本体完成复制。将"地毯"重命名为"楼梯上布料"。

（6）创建布料曲面模型。经过"分裂"得到的面是没有厚度的，所以需要为其增添厚度，利用"布料曲面"即可实现这一操作。在工具栏中按住"细分曲面"图标 ● 并拖动鼠标，在其下拉列表中选择"布料曲面"选项，如图7-252所示。

（7）调节"布料曲面"参数。在对象管理器中，将"楼梯上布料"作为"布料曲面"的子级，如图7-253所示。在属性管理器中，对"布料曲面"参数进行调整，将"细分数"设置为3，将"因子"设置为0%，将"厚度"设置为4cm，如图7-254所示。

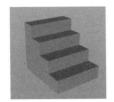

图7-249

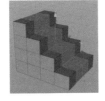

图7-250

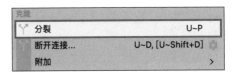

图7-251

图7-252

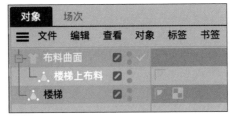

图7-253

图7-254

（8）创建细分曲面。在右侧工具栏中单击"细分曲面"图标创建细分曲面，如图7-255所示。将"布料曲面"作为"细分曲面"的子级，如图7-256所示。最终效果如图7-257所示。

图7-255

图7-256

图7-257

2．创建动力学标签

（1）创建"柔体"标签。首先需要创建一个球体，在工具栏中按住"立方体"图标🔲并拖动鼠标，在其下拉列表中选择"球体"选项，如图7-258所示。在属性管理器中，修改球体参数，将"半径"设置为8cm，将"类型"设置为"二十面体"，如图7-259所示。在对象管理器中，右击"球体"，在弹出的快捷菜单中执行"子弹标签>柔体"命令，即可为"球体"创建"柔体"标签，如图7-260所示。

图7-258

图7-259

图7-260

（2）为"楼梯"创建"碰撞体"标签。在对象管理器中，右击"楼梯"，在弹出的快捷菜单中执行"子弹标签>碰撞体"命令，即可为"楼梯"创建"碰撞体"标签，如图7-261所示。

（3）为"楼梯上布料"创建"碰撞体"标签。在对象管理器中，右击"楼梯上布料"，在弹出的快捷菜单中执行"子弹标签>碰撞体"命令，即可为"楼梯上布料"创建"碰撞体"标签，如图7-262所示。

图7-261

图7-262

3. 调节柔体参数

（1）调整球体位置。将"球体"移动到楼梯模型顶层台阶的上方，如图7-263所示。

（2）调节柔体参数。在对象管理器中，选择"柔体"选项，可在属性管理器中对柔体参数进行调节。在"动力学"选项卡中，勾选"自定义初速度"复选框，将"初试线速度"设置为80cm，如图7-264所示。

（3）在"碰撞"选项卡中，将"反弹"设置为200%、"摩擦力"设置为40%、"碰撞噪波"设置为0.5%，如图7-265所示。

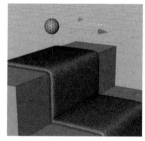

图7-263

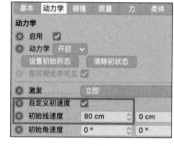

图7-264

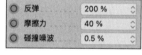

图7-265

（4）在"柔体"选项卡中，将"构造"设置为500，"斜切"设置为50，"弯曲"设置为130，"硬度"设置为"95"，如图7-266所示。调整之后，单击"播放"按钮，预览小球弹跳动画，可根据实际情况对参数稍作调整。

（5）若场景中发生穿模现象，导致计算出错，则可在属性管理器中打开"工程设置"，在"子弹"选项卡下，打开"高级"选项卡，将"步每帧"数值调高，但不宜过高，如图7-267所示。

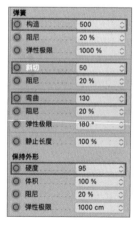

图7-266

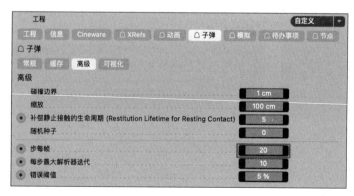

图7-267

4. 完善场景

（1）复制柔体小球。对"球体"进行复制，并使两个小球错位弹跳，从而让画面层次感变得更加丰富，如图7-268所示。

（2）创建背景板。在工具栏中按住"立方体"图标⬡并拖动鼠标，在其下拉列表中选择"平面"选项，将平面作为背景板使用，效果如图7-269所示。

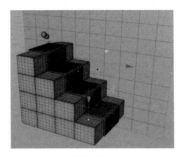

图7-268　　　　　　　　　　　图7-269

（3）创建灯光与材质。用户可根据喜好自行创建材质。

5. 编辑渲染设置

（1）设置工程。在属性管理器中打开"工程设置"（快捷键为"Ctrl/Cmd+D"），将"帧率（FPS）"设置为25，"最大时长"与"预览最大时长"应满足能完整播放的小球弹跳动画时长，如图7-270所示。

帧率 (FPS)	25	工程时长	0 F
最小时长	0 F	最大时长	300 F
预览最小时长	0 F	预览最大时长	300 F

图7-270

（2）编辑渲染设置。单击"编辑渲染设置"按钮打开"渲染设置"窗口。在"输出"选项卡中，设置画面像素，将"帧频"设置为25，将"帧范围"设置为"全部帧"或者手动输入数值范围。在"保存"选项卡下，设置保存路径和保存格式。

（3）在工具栏中，选择"渲染到图像查看器"选项开始渲染，最终效果如图7-271所示。

图7-271

第 8 章

角色和毛发

在前面的章节中已经讲解了 Cinema 4D 的基本使用方法，这一章将对其内容进行拓展，讲解 Cinema 4D 的另外两个强大的功能板块 ——"角色"和"毛发"。Cinema 4D 也可以用来制作角色，整体步骤为：制作角色模型，制作角色毛发，创建角色骨骼，最后制作出角色动画。通过本章的学习，读者能够对 Cinema 4D 中的"角色"和"毛发"板块有一个清晰的认识。

8.1 认识角色动画工具

图8-1

"角色动画工具"是Cinema 4D中用来制作角色的重要工具。"角色"不只限于人物角色，动植物也能纳入"角色"的范畴。"角色动画工具"能够赋予生硬的模型"生命"。

"角色"菜单中包含"管理器""约束""角色""CMotion""角色创建""关节工具""创建IK链""绑定""权重工具""镜像工具""命令""转换""肌肉""肌肉蒙皮""簇""创建簇""添加点变形""衰减"等工具。在菜单栏中选择"角色>管理器"命令，打开其子菜单，如图8-1所示。用户可用其中的工具创造出活灵活现的动画角色，本节将对这些工具进行讲解。

（1）"管理器"用于管理"权重"和"顶点映射"。在"管理器"子菜单中，包含"姿态库浏览器""权重管理器""顶点映射转移工具（VAMP）"3个命令，如图8-2所示。在"权重管理器"中，可以控制关节的权重。当骨骼与模型绑定时，系统将会自动为模型添加权重，并自动为关节设置影响模型的范围，如图8-3所示。而这个操作是具有局限性的，常常需要人工干预。

打开权重管理器。在菜单栏中选择"角色>管理器>权重管理器"命令，如图8-4所示，打开权重管理器，如图8-5所示。权重管理器中包含"命令""关节""权重""自动权重""选项""显示"选项卡，常用的选项卡为"命令"和"关节"。

在制作角色动画时，单击单个关节后将显示单个关节的影响范围，这个范围将以不同颜色进行区分，如图8-6所示。全选关节后将显示模型整体的影响分布，如图8-7所示。可利用"角色"菜单中的"权重工具"涂抹设置模型权重，如图8-8所示。

图8-2

图8-3

图8-4

图8-5

图8-6

图8-7

图8-8

（2）"约束"用于模型的定向操作，如图8-9所示。在操纵关节时，关节初始保持着自由状态，用户可以利用"约束"工具限制关节的活动方向、位置等，使其符合常理。

（3）"角色"是一种骨骼建立系统工具，如图8-10所示。选择"角色"工具后，属性管理器中将打开角色属性面板，如图8-11所示。将"模板"设置为"Biped"后，单击"Root"按钮，如图8-12所示，即可建立骨骼系统。建立完成后效果如图8-13所示。

图8-9

图8-10

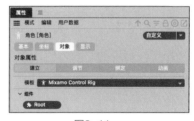

图8-11

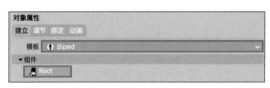

图8-12

图8-13

（4）"CMotion"是作用于"角色"的动画标签，如图8-14所示，能够创建角色动画。"CMotion"一般作为"角色"的子级，如图8-15所示。

（5）"角色创建"用于导入或导出角色模板。在导入或导出角色模板后，用户能对其组件进行操作，如图8-16所示。

图8-14

图8-15

图8-16

（6）"关节工具"用于创建模型的关节。在菜单栏中选择"角色>关节工具"命令，即可为模型创建关节，如图8-17所示。在操作视窗中，按住"Ctrl/Cmd"键并在需要创建关节的位置单击，即可创建关节。再次按住"Ctrl/Cmd"键并在需要创建关节的位置单击可继续延伸关节，使其成为关节链，如图8-18所示。此时的对象管理器如图8-19所示。

（7）"创建IK链"用于为模型创建IK链，如图8-20所示。模型的骨骼分为"FK"和"IK"。"FK"以父级为驱动，层层递进。"IK"以子级为驱动，反向递进。其中"IK"更符合生物骨骼的运动规律。

图8-17

图8-18

图8-19

图8-20

（8）"绑定"用于绑定多边形模型与关节，使其相互影响。"绑定"工具的启用如图8-21所示。在对象管理器中，选择关节和关节所对应绑定的多边形模型（模型应当先转化为可编辑对象）再单击"绑定"，即可将模型与关节绑定，同时，系统将自动为模型分配权重。绑定模型与关节后，模型将跟随关节运动，如图8-22所示。

图8-21

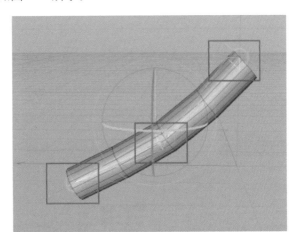
图8-22

（9）"权重工具"用于设置模型权重，调控关节影响模型的范围，其启用方式如图8-23所示。"权重工具"需要和"权重管理器"配合使用，利用"权重管理器"平滑权重等功能，能够使模型权重分布得更加自然。在属性管理器中，权重工具属性如图8-24所示，其"模式"选项用于设置笔刷类型，包含"添加""喷涂""减去""绝对值""平滑""渗出""密度""重映射""修剪""滴""锤子"11种类型，如图8-25所示。用户可在"笔刷"选项栏下设置笔刷的参数，如图8-26所示。

图8-23

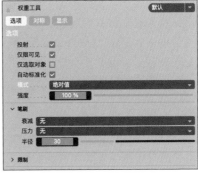
图8-24

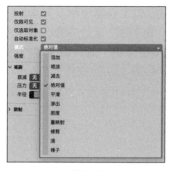

图8-25

图8-26

（10）"镜像工具"用于快速制作镜像关节，其启用方式如图8-27所示。创建完对称模型的单边后，可以利用"镜像工具"使关节对称复制，从而提升制作效率。在属性管理器中，有多种镜像模式供用户选择，如图8-28所示。需要注意的是，"镜像工具"应当在"绑定"前使用。

（11）"命令"用于调整关节各项属性，其启用方式如图8-29所示。在"命令"子菜单中，包含"对齐""复制关节链""镜像关节链"等命令，用户可以利用这些命令实现快速操作，从而提升创作效率。

图8-27

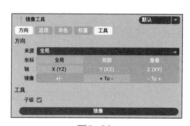

图8-28

图8-29

8.2 毛发

"毛发"用于为模型增添毛发。制作角色动画时，如果需要为人或者动物模型添加头发或羽毛，利用传统的建模方式，一根一根对毛发进行创建，这无疑是极其烦琐的，所以Cinema 4D内置了毛发工具。在毛发工具的帮助下，建立毛发对象变得轻松起来。毛发工具能够创建"毛发""羽毛""绒毛"，这几乎涵盖了所有毛发类型，为毛发的创建提供了更多的可能性，如图8-30所示。

8.2.1 毛发对象

图8-30

"毛发对象"用于为模型创建毛发，分为"添加毛发""羽毛""绒毛"，用户可以根据毛发类型对毛发生成工具进行选择。

创建毛发对象。在菜单栏中选择"模拟 > 毛发对象"命令，其子菜单中包含"添加毛发""羽毛""绒毛"3个命令,如图8-31所示,选择对应命令即可创建相应的毛发对象。

在菜单栏中选择"模拟 > 毛发对象 > 添加毛发"命令,如图8-32所示。在属性管理器中,除基本的选项卡外,还包含"引导线""毛发""编辑""生成""动力学""影响""缓存""分离""挑选""高级"等选项卡,如图8-33所示。

图8-31

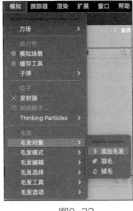

图8-32

图8-33

其中,"引导线"选项卡是最常用的,用户需要在"引导线"选项卡下才能链接对象。在操作视窗中,出现的线条即"引导线",如图8-34所示,它用于引导毛发的形态长度及大致分布。但毛发不等于引导线,并且引导线数量并非毛发数量,引导线仅起引导作用。其常用属性有"链接""数量""分段""长度"等,如图8-35所示。

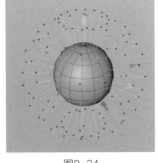

图8-34

(1)"链接"用于设置与毛发链接的对象。将需要链接的模型对象移入"链接"属性框中即可完成链接,如图8-36所示。毛发将生长于模型对象之上,并且出现引导线,如图8-37所示。

(2)"数量"用于设置引导线数量。"引导线"选项卡下的"数量"并非指毛发数量,毛发数量需要在"毛发"选项卡中调节,且引导线数量不会影响毛发数量。

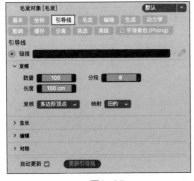

图8-35

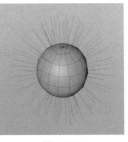

图8-36

图8-37

(3)"分段"用于设置引导线的分段数。

(4)"长度"用于设置引导线长度。毛发长度与引导线长度有关,引导线越长则毛发越长。

"毛发"选项卡用于调整毛发属性,其中较为常用的属性有"数量""分段""发根""偏移""克隆""发根""发梢""变化"等,如图8-38所示。下面按顺序对这些属性进行简单介绍。

（1）"数量"用于设置毛发渲染的数量。在操作视窗中仅可看见引导线，渲染后方可看见毛发。

（2）"分段"用于设置毛发分段的数量。分段数越高，毛发越平滑。

（3）"发根"用于设置发根生长的位置。在其下拉列表中，包含"自动""多边形""与引导线一致"等选项。

（4）"偏移"用于设置发根位置，使其发生偏移。

（5）"克隆"用于克隆毛发。数值越高，毛发的数量越多。

（6）"发根"用于设置克隆毛发发根的偏移。当"发根"数值等于0时，则克隆的毛发的发根与被克隆的毛发发根处于同一位置。

（7）"发梢"用于设置克隆毛发发梢的偏移。

（8）"变化"用于设置克隆毛发间的变化。

"动力学"选项卡用于设置毛发的动力学属性，如图8-39所示。毛发动力学默认为开启状态，使毛发能受到重力等的影响。

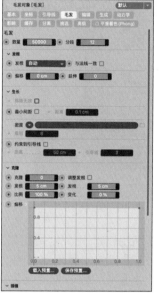

图8-38

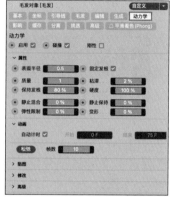

图8-39

在菜单栏中选择"模拟 > 毛发对象 > 羽毛"命令，如图8-40所示。羽毛对象的属性面板中没有类似于"添加毛发"的链接属性框，所以需要在对象管理器中将羽轴走向的"弧线"拖入"羽毛"的子级，如图8-41所示。在属性管理器中，除了基本的选项卡外，还包含"对象"和"形状"选项卡，如图8-42所示。

图8-40

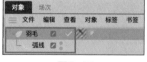

图8-41

图8-42

"对象"选项卡用于设置羽毛细节的基本属性。"对象"选项卡中较为常用的属性有"生成""段数""间距""羽轴半径""顶部""开始""结束""羽支间距""羽支长度""枯萎步幅""旋转""羽轴枯萎""羽支枯萎""间隙""发生"等，如图8-43所示。

（1）"生成"用于设置羽毛对象生成的类型，共有"毛发"和"样条"两种，如图8-44所示。

（2）"段数"用于设置羽支的分段数量，分段数量越高，羽支弯曲过渡越平滑；分段数量越低，羽支弯曲过渡越生硬。

（3）"间距"用于设置生成羽支的方式，分为"适应"和"固定"两种，如图8-45所示。"适应"是以所需羽支的数量为依据，羽支间距随数量的变化而变化，可以手动调节羽支的数量；"固定"是以羽支间的固定距离为依据，羽支数量随间距的变化而变化。

（4）"羽轴半径"用于设置羽轴底部的半径。

（5）"顶部"用于设置羽轴顶部的半径。

（6）"开始"用于设置羽支在羽轴上开始的位置。

（7）"结束"用于设置羽支在羽轴上结束的位置。

（8）"羽支间距"用于调整羽支间的距离。"羽支间距"在"间距"模式为"固定"的情况下方可启用。

（9）"羽支长度"用于调整羽支的长度。

（10）"枯萎步幅"用于调节因羽毛枯萎而引起的旋转形态。这种旋转形态是从羽毛顶部到底部连带形成的，如图8-46所示。

（11）"旋转"用于设置羽支围绕羽轴整体旋转。

（12）"羽轴枯萎"用于设置每个羽支单独围绕羽轴旋转，如图8-47所示。

（13）"羽支枯萎"用于模拟羽支枯萎时的状态，如图8-48所示。

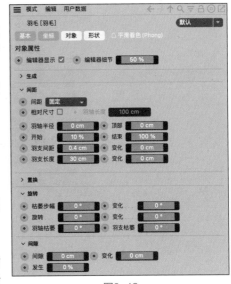

图8-43

图8-44　　　　图8-45　　　　图8-46　　　　图8-47　　　　图8-48

在菜单栏中选择"模拟 > 毛发对象 > 绒毛"命令，如图8-49所示。绒毛的属性面板中含有链接属性框，所以在"对象"选项卡中，将需要生成绒毛的模型拖动到"对象"属性框中即可链接对象，如图8-50所示。在属性管理器中，除去基本的选项卡外，还包含"对象"选项卡。

 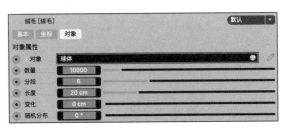

图8-49　　　　　　　　图8-50

"对象"选项卡用于设置绒毛的基本属性，较为常用的属性有"对象""数量""分段""长度""变化""随机分布""编辑器显示"和"细节级别"，如图8-51所示。

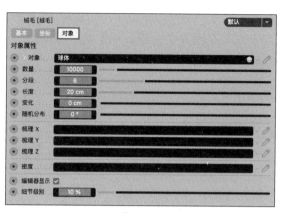

图8-51

（1）"对象"用于链接需要生成绒毛的模型。

（2）"数量"用于调节生成绒毛的数量。

（3）"分段"用于设置绒毛的分段数量。分段数越高，绒毛弯曲过渡越平滑；分段数越低，绒毛弯曲过渡越生硬。

（4）"长度"用于设置绒毛的长度。

（5）"变化"用于控制绒毛长度的变化。数值越高，极差越大。

8.2.2 毛发材质

"毛发材质"是属于毛发对象的材质，较一般材质在属性上有极大的不同。用户可以通过毛发材质来控制毛发的颜色、卷曲程度和粗细等属性，从而使毛发看起来更加逼真。

创建毛发材质。在毛发对象中创建"添加毛发""羽毛""绒毛"时，材质管理器会默认创建毛发材质，双击所生成的材质快速进入材质编辑器。在材质管理器中的菜单栏中选择"创建>材质>新建毛发材质"命令，也可创建毛发材质，如图8-52所示。

在毛发材质的属性面板中，有多种属性可以控制毛发材质，其中常用的属性有"颜色""背光颜色""高光""透明""粗细""长度""卷发""纠结""密度""集束""弯曲""波浪""拉直"等，如图8-53所示。

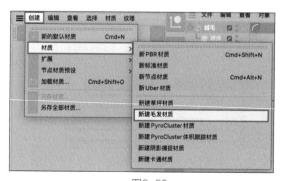

图8-52

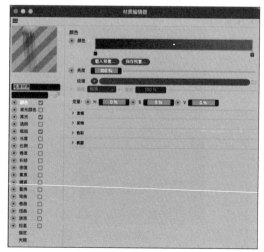

图8-53

（1）"颜色"用于设置毛发的颜色，如图8-54所示。

（2）"背光颜色"用于设置光线透过毛发本体时毛发本体的颜色，如图8-55所示。

（3）"高光"用于调节毛发的高光属性，如图8-56所示。"强度"用于调节高光的强度。"锐利"用于调节毛发锐度，锐度越高，毛发线条越明显，但可能失真。"背面高光"用于控制毛发背面的高光通透程度。

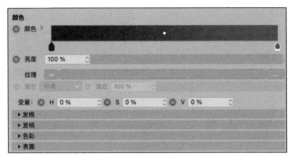

图8-54

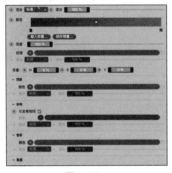

图8-55

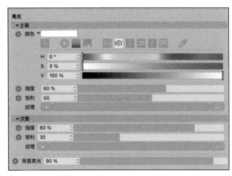

图8-56

（4）"透明"用于控制毛发的透明属性，如图8-57所示。利用渐变控制透明属性，可以使毛发渐变透明。"透明"选项很少被使用，若使用，多用于发梢。

（5）"粗细"用于控制毛发的粗细程度，是一种极为常用的属性。"发根"用于控制发根线条的粗细程度；"发梢"用于控制发梢线条的粗细程度；"变化"可以使毛发线条的粗细产生一定变化；"曲线"可用曲线来控制线条各部分的粗细程度；"纹理"则表示可用纹理贴图来设置毛发粗细程度，如图8-58所示。

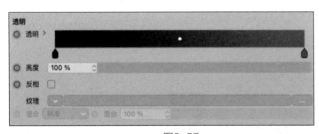

图8-57

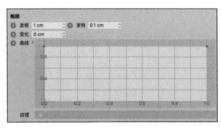

图8-58

（6）"长度"用于控制毛发的长度属性，如图8-59所示。"长度"默认为100%，其长度等于引导线长度，即毛发原本的长度；"变化"可以使毛发的长度产生一些变化；"数量"用于控制发生长度变化的毛发数量。

（7）"卷发"用于调节毛发的卷曲程度，具有整体性，如图8-60所示。

图8-59   图8-60

8.3 实战案例：毛发制作

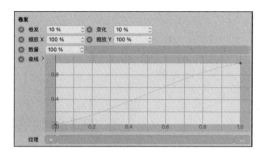

样条建模主要依赖于样条建模工具，例如"挤压""旋转""放样""扫描"等。根据样条变化，搭配使用不同的生成器，从而得到千变万化的效果。前提是，用户需要了解并且熟练掌握贝塞尔等曲线的绘制方式，这会使样条创建得更顺利。本案例将创建样条模型来搭建场景，最终效果如图8-61所示。

图8-61

资源位置

素材文件	素材文件>CH08>17 案例：毛发制作
实例文件	实例文件>CH08>17 案例：毛发制作.c4d
技能掌握	掌握在Cinema 4D中创建样条模型的方法

微课视频

操作步骤

（1）绘制人物样条。在工具栏中，选择"样条画笔"工具，在视窗中绘制人物轮廓曲线，如图8-62所示。

（2）创建"旋转"生成器。在工具栏中按住"细分曲面"图标 ● 并拖动鼠标，在其下拉列表中选择"旋转"选项，如图8-63所示。将"样条"作为"旋转"的子级，如图8-64所示。最终效果如图8-65所示。

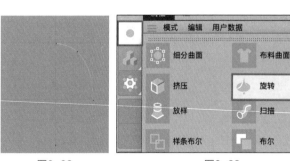

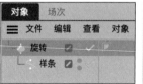

图8-62   图8-63   图8-64   图8-65

（3）创建胶囊。在工具栏中按住"立方体"图标 ● 并拖动鼠标，在其下拉列表中选择"胶囊"选项，如图8-66所示。

（4）调整胶囊参数。在操作视窗中，将胶囊调整到合适的位置和大小，如图8-67所示。

（5）创建"对称"生成器。在工具栏中按住"细分曲面"图标 ● 并拖动鼠标，在其下拉列表中选择"对称"选项，如图8-68所示。将"胶囊"移入"对称"的子级，得到的效果如图8-69所示。

（6）复制"对称"。在对象管理器中，将"对称"进行复制，把得到的模型移到人物的脚部，如图8-70所示。

（7）创建立方体。在工具栏中，单击"立方体"图标 ● 即可创建立方体，将其转化为可编辑对象。在"面"模式下，删除立方体的正面，将主体模型放入立方体中，如图8-71所示。

（8）创建毛发。在菜单栏中选择"模拟>毛发对象>添加毛发"命令，如图8-72所示。

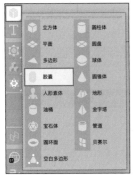

图8-66

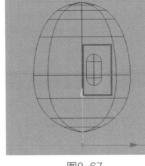

图8-67

图8-68

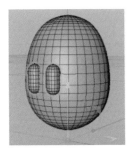

图8-69

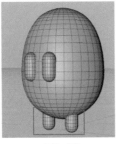

图8-70

图8-71

图8-72

（9）设置毛发参数。在属性管理器中的"引导线"选项栏下，将"身体"拖动到"链接"属性框中，将"数量"设置为1000，将"长度"设置为15cm，将"分段"设置为5，如图8-73所示。

（10）在"毛发"选项栏中，将"数量"设置为150000，将"分段"设置为5，如图8-74所示。

图8-73

图8-74

（11）在"影响"选项栏中，将"重力"设置为－2，如图8-75所示，得到的效果如图8-76所示。

图8-75

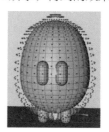

图8-76

（12）调整毛发材质参数。在材质管理器中，双击"毛发材质"，进入毛发材质编辑器。在编辑器中，打开"颜色"选项栏，对毛发左端的颜色进行设置，将"H"设置为56°，"S"设置为32%，"V"设置为94%，如图8-77所示。再对毛发右端的颜色进行设置，将"H"设置为58°，"S"设置为100%，"V"设置为100%，如图8-78所示。

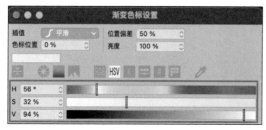

图8-77

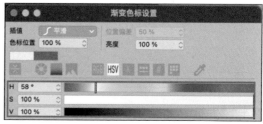

图8-78

（13）打开"粗细"选项栏，将"发根"设置为0.3cm，"发梢"设置为0.08cm，如图8-79所示。

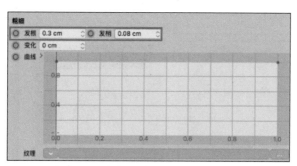

图8-79

（14）打开"卷发"选项栏，将"卷发"设置为11%，将"变化"设置为10%，如图8-80所示。

（15）打开"长度"选项栏，将"长度"设置为100%，将"变化"设置为30%，如图8-81所示。

图8-80

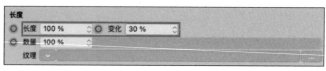

图8-81

（16）启用"修剪"工具。在菜单栏中选择"模拟>毛发工具>修剪"命令，如图8-82所示。

（17）将"修剪"工具作用于插入眼睛中的毛发，如图8-83所示。修剪完的效果如图8-84所示。

图8-82

图8-83

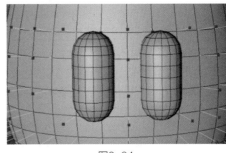

图8-84

（18）为"身体""眼睛""脚"创建"毛发碰撞"标签，使毛发能与身体发生动力学碰撞。在对象管理器中，右击"眼睛"，在弹出的快捷菜单中执行"毛发标签>毛发碰撞"命令，如图8-85所示。将这个标签再添加给"身体"和"脚"，操作方式同上。

（19）创建风力场。用风吹动毛发获得更加自然的效果。在菜单栏中选择"模拟>力场>风力"命令，如图8-86所示。

（20）调节"风力"参数。将风力调整到合适的位置和大小，如图8-87所示。

图8-85

图8-86

图8-87

（21）在场景中，主体部分已经建模完成，用户可以根据个人需要进行调整，并且搭建场景。对于场景搭建部分，用户可自行发挥，有利于表现主体即可。但要注意灯光设置，创建合适的灯光会为画面增光添彩。

（22）编辑渲染设置。在工具栏中，单击"编辑渲染设置"按钮以打开"渲染设置"窗口，在"输出"中可以设置"分辨率"，在"保存"选项卡中将"格式"设置为"JPEG"，并设置好存储位置，最终效果如图8-88所示。

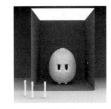

图8-88

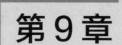

第 9 章

综合案例——卡通角色循环走路

本章将综合体现 Cinema 4D 的功能，对建模、灯光、材质、动画、渲染等各方面都有涉及。通过详细讲解一个 Cinema 4D 项目的完整流程，从而达到综合训练的目的。Cinema 4D 中的每个板块都不是独立的，所有板块汇集在一起，共同影响，共同作用，最后才能完成创建富有生命力的卡通角色的任务。相信在完成本章的学习后，读者能够独立制作出属于自己的卡通角色。

9.1 卡通角色建模

本节是卡通角色建模案例，将结合本书前8章所讲的功能，制作一个卡通角色。读者也能根据此案例查漏补缺，熟悉三维制作流程，继续深化理解。

在创作卡通角色模型前，应当搜集大量贴合项目的案例，找到合适的视觉参考。出色的IP（Intellectual Property，知识产权）形象设计公司有"迪士尼""创域工作室"等。其中，创域工作室致力于为企业和品牌打造具有独特性和差异性的IP形象。该工作室由一支经验丰富的设计团队组成，以专业的设计手法和创意创造出高质量的IP形象，部分作品如图9-1至图9-3所示。随着"Web 3.0"时代的到来，越来越多的公司致力于将科技与IP相结合，以创造更多有价值的作品，保持竞争力的同时为客户提供更专业、更具有商业价值的服务。

图9-1　　　　　　　　图9-2　　　　图9-3

9.1.1 头部建模

头部建模分为6个部分，分别是"头部建模""眼睛建模""眉毛建模""鼻子建模""耳朵建模""嘴部建模"。制作这些模型需要创作者对人体结构、五官比例有较为清晰的认知，同时，还需要利用自身想象力对模型进行风格化创作。

微课视频

1. 头部建模

（1）创建球体。在工具栏中创建一个球体，并将其命名为"头"。在属性管理器中，调节其参数，将"分段"设置为12，"类型"设置为"六面体"，如图9-4所示。使球体的布线为四边面，将模型转化为可编辑对象。

（2）调整脸部轮廓。在"边"模式下，使用"循环选择"工具选择一圈边，如图9-5所示。利用"填充选取"工具快速选择一半球体，并将其删除，如图9-6所示。

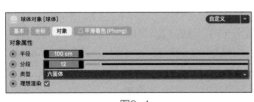  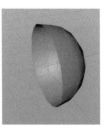

图9-4　　　　　　　　图9-5　　　　图9-6

（3）创建"对称"生成器。在对象管理器中，选择需要作为"对称"子级的对象，按住"Alt/Option"键并选择"对称"选项，可以快速为模型添加"对称"生成器，并将"对称"作为父级，"对称"生成器的创建如图9-7所示。在属性管理器中，将"对称"生成器的"镜像平面"设置为"XY"，如图9-8所示。

（4）调整脸部轮廓。在"边"模式中，双击"边"以实现快速循环选择，略微向上拉动曲线以调整角色的脸部轮廓，如图9-9所示。

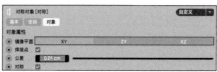
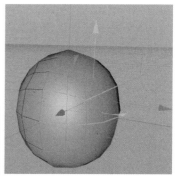

| 图9-7 | 图9-8 | 图9-9 |

2. 眼睛建模

（1）创建球体。在工具栏中创建球体，并将该球体命名为"眼白"，如图9-10所示。

（2）在"对称"生成器中，对称效果仅对第一子级产生作用，而此时整个头部的各个部件都需要进行对称处理，但对每个部件添加"对称"生成器又过于烦琐，所以可以将第一子级设置为"空白"，再将多个模型设置为"空白"的子级，即可解决"对称"生成器无法作用于非第一子级的问题。将"头"与"眼白"合并成空白对象组，如图9-11所示，合并成组的快捷键是"Alt/Option+G"。

（3）调节"眼白"参数。在属性管理器中，将球体的"分段"设置为12，旋转球体的面，使"极点"的方向与瞳孔方向保持一致，将眼白转化为可编辑对象，随后，调整眼白的形态和位置，调整后的效果如图9-12所示。

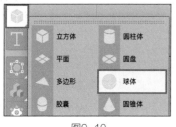

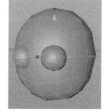

| 图9-10 | 图9-11 | 图9-12 |

（4）创建细分曲面。在工具栏中，单击"细分曲面"图标 ● 即可创建细分曲面。将"对称"作为"细分曲面"的子级，继续优化眼白，使眼白能够更贴合脸部形态，并且呈扁平状，最终效果如图9-13所示。

（5）创建瞳孔。在对象管理器中，按住"Ctrl/Cmd"键并拖动"眼白"，即可实现快速复制。将"眼白"拖动到"空白"对象的子级，将复制得到的"眼白.1"命名为眼球。在"眼球"原来的位置上调整位移和缩放属性，效果如图9-14所示。

（6）创建眼睛高光。在对象管理器中，复制"眼白"并将其拖动到"对称"外，将复制得到的"眼白"副本命名为"眼睛高光"。在工具栏中，为眼球添加细分曲面，再调节高光部分，复制到另一边。可将"坐标"改为"世界坐标轴"，以便调整模型的位置，此时的对象管理器如图9-15所示。完成制作后的效果如图9-16所示。

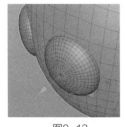
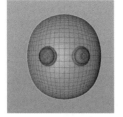

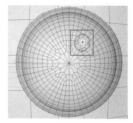

图9-13　　　　　　图9-14　　　　　　图9-15　　　　　　图9-16

3. 眉毛建模

（1）创建立方体。在工具栏中创建立方体，将"立方体"拖入"空白"对象的子级，并将其重命名为"眉毛"。

（2）立方体受到细分曲面的影响，边角会显得平滑，此时需要为立方体增添边，以适当削弱平滑感，如图9-17所示。将立方体转化为可编辑对象，在"边"模式下使用"循环切割"工具在立方体上切割。单击操作视窗上方的"加号"图标●即可增加"边"比例，如图9-18所示。完成切割后的效果如图9-19所示。

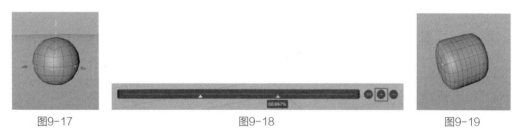

图9-17　　　　　　　　　　　　　　图9-18　　　　　　　　　　　　　　图9-19

（3）调整眉毛的位置。在工具栏中利用"移动""缩放"工具，将"眉毛"调整至合适的位置，如图9-20所示。

（4）调整眉毛形态。在"边"模式下，双击"循环切割"生成的两条边，如图9-21所示。将这两条边向上移动，制作出眉毛的弧度，效果如图9-22所示。

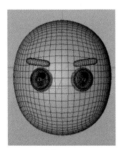
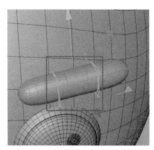
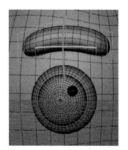

图9-20　　　　　　图9-21　　　　　　图9-22

4. 鼻子建模

（1）创建立方体。利用工具栏中的工具创建一个立方体，下面将用这个立方体来制作人物的鼻子部分。利用工具栏中的工具为其添加细分曲面，如图9-23所示。将立方体尺寸缩小，再将其转化为可编辑对象，进行"循环路径切割"。

（2）调整立方体形态。暂时隐藏细分曲面后，将立方体转化为可编辑对象，在"边"模式下，将立方体调整为梯形，如图9-24所示。

（3）微调立方体形态，使其呈现出鼻子的完整形态。重新显示细分曲面，在"边"模式下对鼻子形状进行微调，如图9-25所示。扩宽鼻翼，提升山根，延长鼻中隔，最终效果如图9-26所示。

图9-23

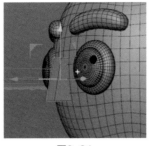
图9-24

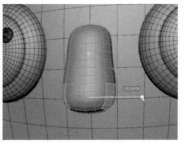
图9-25

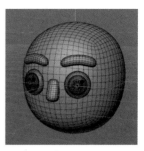
图9-26

5. 耳朵建模

（1）创建圆柱体。在工具栏中创建一个圆柱体，如图9-27所示。

（2）调节圆柱体的参数。在对象管理器中，将其拖到"空白"的子级，使得"对称"能够作用于"圆柱体"上。在属性管理器中，将圆柱体的"高度分段"改为1，"旋转分段"改为8，如图9-28所示。

（3）调节圆柱体的形态和位置。将圆柱体转化为可编辑对象，利用"缩放"工具调整圆柱体各方向上的比例，并将其调整到合适的位置，如图9-29所示。

图9-27

图9-28

图9-29

6. 嘴部建模

（1）创建圆环面。在工具栏中创建一个圆环面，如图9-30所示。

（2）调节圆环面的参数。在属性管理器中的"对象"选项卡下，将"圆环分段"设置为6，"导管分段"设置为8，"方向"设置为"+X"，如图9-31所示。在"切片"选项卡下，勾选"切片"复选框，将"终点"设置为90°，如图9-32所示。最终效果如图9-33所示。

（3）优化嘴部形态。将圆环转化为可编辑对象。圆环的上底和下底布线混乱，需要重新进行布线。先将上底和下底删除，如图9-34所示。再在操作视窗中，单击鼠标右键，在弹出的快捷菜单中选择"封闭多边形孔洞"命令，如图9-35所示。单击上底使其封闭，效果如图9-36所示。对其上底重新布线，效果如图9-37所示。

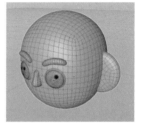
图9-30

图9-31

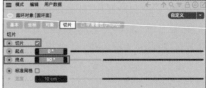
图9-32

图9-33

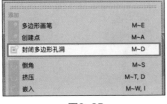

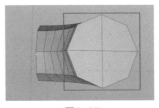

图9-34　　　　　　　　图9-35　　　　　　　　图9-36　　　　　　　　图9-37

（4）修饰嘴部形态。在对象管理器中，将"圆环"移动到"空白"的子级，如图9-38所示。继续调整嘴部的造型，使其达到理想效果。完成后的效果如图9-39所示。

图9-38　　　　　　　　　　　图9-39

9.1.2 身体建模

（1）创建圆柱体。在工具栏中按住"立方体"图标 并拖动鼠标，在其下拉列表中选择"圆柱体"选项，如图9-40所示。

（2）调整圆柱体的参数。在属性管理器中，将"高度分段"设置为1，"旋转分段"设置为8，如图9-41所示。在"封顶"选项卡中，取消勾选"封顶"复选框，如图9-42所示。

图9-40

微课视频

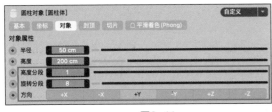

图9-41　　　　　　　　　　　　　　　　图9-42

（3）调整圆柱体的位置和大小。在操作视窗中，利用"缩放"和"移动"工具，将圆柱体调整到合适的位置，如图9-43所示。此时，将该圆柱体复制两份，留作备用，以便稍后制作手臂与腿部，如图9-44所示。

（4）调整圆柱体形态。将圆柱体转化为可编辑对象，利用"循环选择"工具选择圆柱体最上层边，按住"Cmd/Ctrl"键，利用"移动"工具向上移动，再利用"缩放"工具调整顶层循环边的大小，最终效果如图9-45所示。按照上述操作创建"肩膀"与"脖子"部分。

（5）使用"循环切割"工具增加躯干分段。按快捷键"K~L"调出"循环切割"工具，在"边"模式下，单击躯干，再单击操作视窗上方的"加号"图标 ，添加一条切割线，使躯干三等分，如图9-46所示。切割好后的效果如图9-47所示。

图9-43

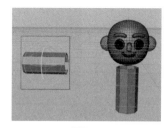

图9-44

图9-45

图9-46

图9-47

（6）使用"循环切割"工具再增加"躯干"分段。按快捷键"K～L"调出"循环切割"工具，在"边"模式下，单击躯干，在胸部与肩部之间添加一条循环边。在操作视窗中，单击"竖线"图标将循环边调整至中间位置，如图9-48所示。最终得到的切割效果如图9-49所示。

图9-48

图9-49

（7）连接手臂和躯干。观察手臂"接口处"可以发现，手臂一端循环边有8个点，如图9-50所示。这8个点需要与躯干上的8点一一对应才能够进行缝合，所以选择其中躯干的4个面，如图9-51所示，将其删除，即可得到对应的8个点。

（8）在对象管理器中连接手臂与躯干，对手臂"圆柱体.1"与躯干"圆柱体"执行"连接对象+删除"操作。在对象管理器中，同时选中两个圆柱体，单击鼠标右键，在弹出的快捷菜单中选择"连接对象+删除"命令，如图9-52所示。

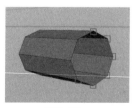

图9-50

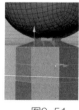

图9-51

图9-52

（9）缝合模型。在"边"模式下，使用"实时选择"工具，同时选中手臂与躯干接缝的两边，如图9-53所示。在操作视窗空白处单击鼠标右键，在弹出的快捷菜单中选择"缝合"命令，如图9-54所示。利用鼠标指针缝合对应的点，如图9-55所示。最终缝合效果如图9-56所示。

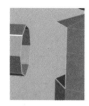
图9-53

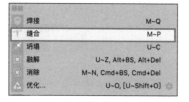
图9-54

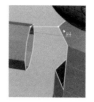
图9-55

图9-56

（10）连接腿部。在"边"模式下，在操作视窗空白处单击鼠标右键，在弹出的快捷菜单中选择"桥接"命令，桥接部分如图9-57所示。利用"循环切割"工具在该面中心位置创建一条边，如图9-58所示。

（11）调整缝合接口。对底面形态进行调整，调整效果如图9-59所示。此时躯干缝合的点仅有4个，选择循环切割得到的边，单击鼠标右键，在弹出的快捷菜单中选择"倒角"命令。在属性管理器中，将"偏移"设置为40cm，"细分"设置为3，如图9-60所示。此时的效果如图9-61所示。

图9-57

图9-58

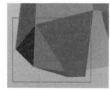
图9-59

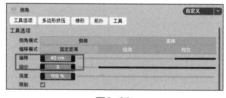
图9-60

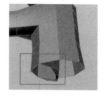
图9-61

（12）缝合躯干和腿部。对躯干与腿部执行缝合操作，操作方式与缝合躯干和手臂相同，效果如图9-62所示。

（13）删除部分躯干模型。在操作视窗中，删除掉整个躯干模型未缝合手臂和腿部的那一半，如图9-63所示。

（14）创建"对称"生成器。在工具栏中创建"对称"生成器，将"镜像平面"设置为"XY"，如图9-64所示。将"躯干"设置为"对称"的子级。若此时的模型出现穿插，如图9-65所示，可为"对称"创建"空白"子级，再将作为躯干的"圆柱体"模型移入"空白"的子级，如图9-66所示。

图9-62

图9-63

图9-64

图9-65   图9-66

（15）修饰成果。为"对称"添加细分曲面，修饰人物外形，并且在关节处使用"循环切割"工具，如图9-67所示。在切割位置进行倒角，如图9-68所示。最终效果如图9-69所示。

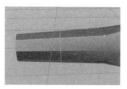
图9-67

图9-68

图9-69

9.1.3 手部建模

（1）创建立方体。在工具栏中，单击"立方体"图标  即可创建立方体，如图9-70所示。

图9-70

（2）调整立方体形态。将立方体调整到合适的位置，如图9-71所示。将立方体转化为可编辑对象，选择立方体的两个侧面，将立方体调整为楼台，如图9-72所示。

（3）切割立方体并准备缝合。在操作视窗中，按快捷键"K～L"快速调用"循环切割"工具，为立方体创建2条循环边，循环边将上边平均切割为3份，如图9-73所示。删除连接立方体和手臂的平面，如图9-74所示。此时立方体与手臂缝合点数量相同，均为8点，如图9-75所示。

微课视频

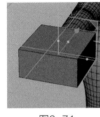  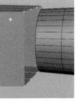 

图9-71　　　　图9-72　　　　图9-73　　　　图9-74　　　　图9-75

（4）缝合手掌与手臂，执行"连接对象+删除"命令。利用"循环选择"工具将手掌和手臂的边进行缝合，如图9-76所示。在操作视窗的空白处单击鼠标右键，在弹出的快捷菜单中选择"缝合"命令，如图9-77所示，将手掌与手臂缝合，效果如图9-78所示。

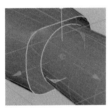 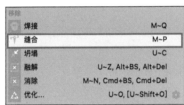 

图9-76　　　　　　图9-77　　　　　　图9-78

（5）挤压出手指。在"面"模式下，选择手掌指端的3个面，如图9-79所示。在操作视窗空白处单击鼠标右键，在弹出的快捷菜单中选择"挤压"命令，如图9-80所示。在操作视窗中拖动鼠标，实现挤压效果，如图9-81所示。

 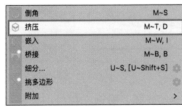 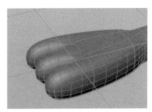

图9-79　　　　　　图9-80　　　　　　图9-81

（6）挤压大拇指。大拇指与其他4指不同，是从手掌侧边长出的。在此，需要利用"循环切割"工具在手掌侧面进行循环切割，如图9-82所示。选择切割成型的面，按步骤（5）的操作进行挤压，效果如图9-83所示。

（7）调整整体形态。添加手掌后，人体形态发生变化，可对其进行调整，需要注意的是手掌最高点不应高于手臂最高点。调节指尖形态，将指尖收缩，如图9-84所示。最终效果如

图9-85所示。

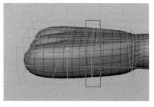
图9-82

图9-83

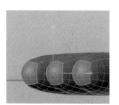
图9-84

图9-85

9.1.4 脚部建模

脚部建模分为两部分——"脚掌建模"和"鞋子建模"。在设计卡通角色时，最常见的便是将脚部建模夸张化，较大的脚部与头部能够使卡通角色看起来更加可爱，这种形象深受当代年轻人的喜爱。

微课视频

1. 脚掌建模

（1）创建圆柱体。在工具栏中按住"圆柱体" 图标并拖动鼠标，在其下拉列表中选择"圆柱体"选项，如图9-86所示。

（2）调整圆柱体参数。在属性管理器中，将"高度分段"设置为1，"旋转分段"设置为8，如图9-87所示。在"封顶"选项卡下，取消勾选"封顶"复选框，如图9-88所示。

图9-86

（3）调整圆柱体的位置。在操作视窗中，将创建的圆柱体调整到合适的位置，如图9-89所示。

（4）调整圆柱体的形态。将圆柱体转化为可编辑对象，选中该对象将其设为底部"循环边"，并向上移动，最终效果如图9-90所示。

图9-87

图9-88

图9-89

图9-90

（5）构建脚掌大致形态。选择模型底部的"循环边"，按住"Ctrl/Cmd"键，利用"移动"工具移动该边，以创造出更多的分段线，最终效果如图9-91所示。在"面"模式下，选择圆柱体正前方的4个面，利用"移动"工具向前移动，制作脚踝的过渡效果，效果如图9-92所示。按住"Ctrl/Cmd"键继续向前移动，完成脚背的制作，效果如图9-93所示。

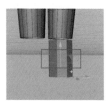
图9-91

图9-92

图9-93

（6）调整脚掌形态。在操作视窗中，进入"边"模式，将脚趾位置上方的边向下移动，以优化脚掌形态，如图9-94所示。

（7）调整脚底布线。脚底的布线较为混乱，还有孔洞。在操作视窗的空白处，单击鼠标右键，在弹出的快捷菜单中选择"封闭多边形孔洞"命令，如图9-95所示。使用"线性切割"工具重新切割中线，如图9-96所示。选择脚底的边，单击鼠标右键，在弹出的快捷菜单中选择"消除"命令，效果如图9-97和图9-98所示。再利用"线性切割"工具重新布线，最终得到的效果如图9-99所示。

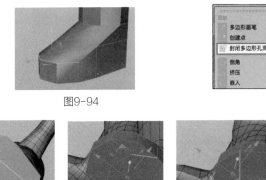

图9-94

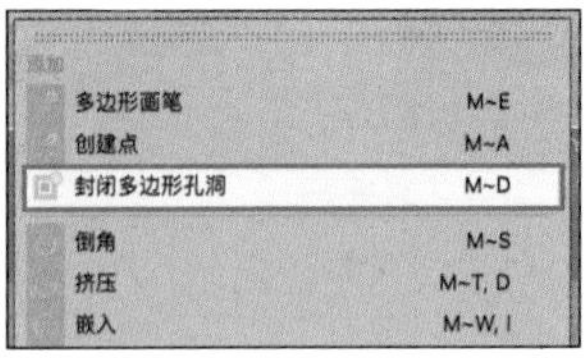

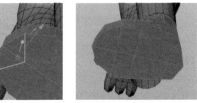

图9-95

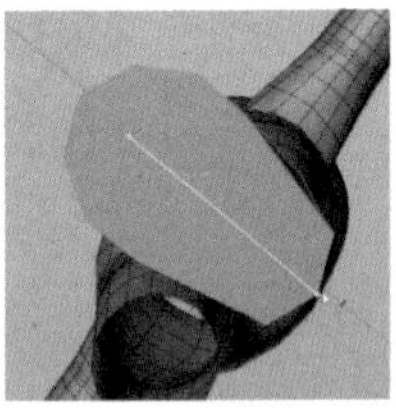

图9-96

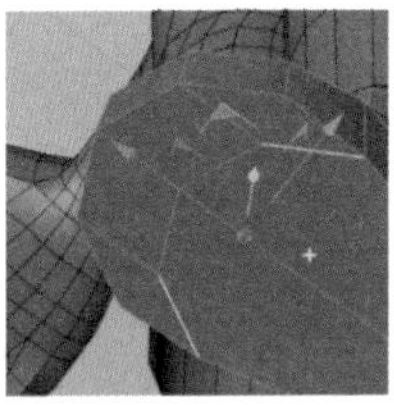

图9-97

图9-98

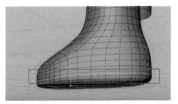

图9-99

（8）优化脚跟形态。为脚掌整体添加细分曲面，效果如图9-100所示。选择脚跟的两个面，如图9-101所示，将其稍微向后移动，以突出脚跟形态，最终效果如图9-102所示。

（9）优化脚底形态。在"边"模式下，利用"循环切割"工具对脚底进行循环切割，使脚底更加厚实，如图9-103所示。

图9-100

图9-101

图9-102

图9-103

（10）缝合连接腿部与脚部。在对象管理器中，选择腿部与脚部，单击鼠标右键，在弹出的快捷菜单中选择"连接对象+删除"命令。在操作视窗中，选择需要缝合的两条边，如图9-104所示。在操作视窗中，单击鼠标右键，在弹出的快捷菜单中选择"缝合"命令，如图9-105所示。利用鼠标拖动缝合对应的缝合点，如图9-106所示。最终缝合效果如图9-107所示。

图9-104

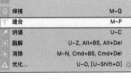

图9-105

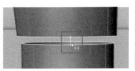

图9-106

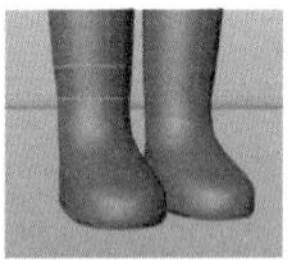

图9-107

（11）调整脚部角度。选择整个脚部，利用"旋转"工具将站姿微调为"外八字"，以符合人体站立习惯，如图9-108所示。

2. 鞋子建模

（1）分裂脚部。在操作视窗中选择覆盖鞋子的面，如图9-109所示。单击鼠标右键，在弹出的快捷菜单中选择"分裂"命令，如图9-110所

图9-108

示。此时所选的面将会被复制，作为一个新的对象。

（2）调整轴心。鞋子的轴心存在偏差，需要调整轴心位置。选择鞋子，在菜单栏中选择"工具>轴心>轴居中到对象"命令，如图9-111所示。此时轴心将会被重新锁定到对象中心，如图9-112所示。

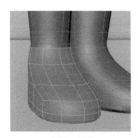
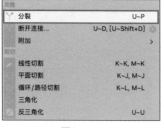

图9-109　　　　　　　　图9-110　　　　　　　　图9-111　　　　　　　　图9-112

（3）优化鞋面形态。选择鞋面上的面，利用"移动"工具使鞋面微微拱起，以符合鞋子的正常形态，效果如图9-113所示。

（4）优化鞋底形态。在操作视窗中，利用"循环切割"工具切割鞋底形态，利用"循环选择"工具选择循环切割的边，使用"缩放"工具向下拖曳垂直于该边的控制器，使该条循环边压缩为平面，如图9-114所示。按住"Ctrl/Cmd"键并拖曳该边，快速制作鞋底效果，如图9-115所示。

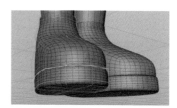

图9-113　　　　　　　　图9-114　　　　　　　　图9-115

（5）创建鞋舌。在鞋舌左右两边，分别使用"线性切割"工具切割出合适的形状，如图9-116所示。将切割得到的面删除，即可得到鞋舌效果，如图9-117所示。

图9-116　　　　　　　　　　　　图9-117

（6）调整鞋舌布线。对鞋舌进行切割后，模型表面会出现"五边面"，此时，需要利用"线性切割"工具，切割五边面，将其转化为四边面，最终效果如图9-118所示。

（7）挤压鞋体厚度。在工具栏中创建"细分曲面"与"空白"对象，并将"鞋子"作为"空白"对象的子级，"空白"对象作为"细分曲面"的子级，效果如图9-119所示。选择鞋体所有的面，单击鼠标右键，在弹出的快捷菜单中选择"嵌入"命令，拖动鼠标实现嵌入效果，适当调整挤压后的效果，如图9-120所示。

图9-118

图9-119

图9-120

9.1.5 衣服建模

（1）创建衣服。衣服形态与角色躯干相似，所以衣服可以由分裂躯干的面得到。在操作视窗中，确定衣服下摆和袖口的位置。在"面"模式下，选择需要衣服覆盖的躯干部分，如图9-121所示。单击鼠标右键，在弹出的快捷菜单中选择"分裂"命令，如图9-122所示。在对象管理器中，这些面将从躯干中被分离出来，作为单独的对象。

微课视频

（2）创建"对称"生成器。在工具栏中按住"细分曲面"图标 ● 并拖动鼠标，在其下拉列表中选择"对称"选项，如图9-123所示。在属性管理器中，对其参数进行调整，将"镜像平面"设置为"XY"，如图9-124所示。将"衣服"作为"空白"对象的子级，再将"空白"对象作为"对称"的子级。

图9-121

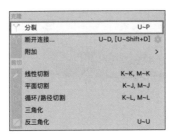
图9-122

图9-123

（3）优化衣物边角。选择衣服下摆的边，利用"缩放"工具将不规整的边转移到同一水平面上，如图9-125所示。调整衣服下摆各点，以防止衣物和躯干之间发生穿模现象，最终效果如图9-126所示。

图9-124

图9-125

图9-126

（4）创建衣领。在操作视窗中选择衣领所在的面，如图9-127所示。将这些面删除，在"点"模式下对衣领形态进行调整，如图9-128所示。创建细分曲面，并将在衣服建模的步骤（1）中创建的"对称"生成器作为"细分曲面"的子级，最终效果如图9-129所示。

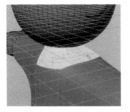

图9-127　　　　　　　　　　图9-128　　　　　　　　　　图9-129

（5）优化袖口。在"边"模式下，使用"循环切割"工具为袖口增添分段数，如图9-130所示。在"面"模式下，按住"Ctrl/Cmd"键，使用"缩放"工具适当放大袖口，如图9-131所示。最终效果如图9-132和图9-133所示。

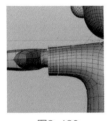

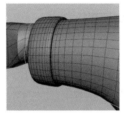

图9-130　　　　　　图9-131　　　　　　图9-132　　　　　　图9-133

（6）将衣服合并为整体。因为"循环选择"工具在"对象"生成器下无法使用，所以需要先将衣物合并为整体，再使用"循环选择"工具。"循环选择"工具能方便用户对其领口和下摆进行操作。在对象管理器中，选择"对称"和其子级，然后单击鼠标右键，在弹出的快捷菜单中选择"连接对象+删除"命令，如图9-134所示，将其转化为一个整体。

（7）优化下摆。在操作视窗中，使用"循环切割"工具为衣服下摆添加分段，如图9-135所示。按照优化袖口的方式制作并优化下摆，效果如图9-136所示。

图9-134　　　　　　　　　　图9-135　　　　　　　　　　图9-136

（8）提取衣领样条。优化衣领将使用样条。将细分曲面复制一份，转化为可编辑对象。在操作视窗中，进入"边"模式，选择领口的边，如图9-137所示。在操作视窗的空白处单击鼠标右键，在弹出的快捷菜单中选择"提取样条"命令，样条将被单独提取至对象管理器中，如图9-138所示。

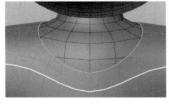

图9-137　　　　　　　　　　　　　　图9-138

（9）优化衣领。在工具栏中按住"细分曲面"图标 ● 并拖动鼠标，在其下拉列表中选择"扫描"选项，如图9-139所示。在工具栏中创建"矩形"样条，将"矩形"与"圆柱.样条"均作为

"扫描"的子级,其中"矩形"在上,如图9-140所示。在属性管理器中,调节"扫描"参数,调整"旋转"曲线图,如图9-141所示,使衣领根据衣服走向产生旋转,增加衣服细节。衣领优化完成后的效果如图9-142所示。

衣服建模完成,效果如图9-143所示。

图9-139

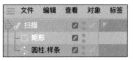

图9-140

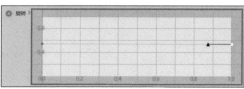

图9-141

图9-142

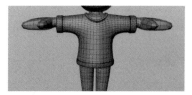

图9-143

9.1.6 裤子建模

（1）创建裤子。创建裤子和创建衣服的方法相同,都是利用"分裂"工具来制作主体部分。在操作视窗中,选择腿部被裤子覆盖的部分,如图9-144所示。在操作视窗的空白处单击鼠标右键,在弹出的快捷菜单中选择"分裂"命令,效果如图9-145所示。在对象管理器中,为裤子创建"对称""细分曲面""空白"对象,并将"裤子"作为"空白"对象的子级,"空白"对象作为"对称"的子级,"对称"作为"细分曲面"的子级,调整后启用。

微课视频

（2）修整裤子形态。在腿部创建为关节预留的布线,所以需要在裤子上消除该布线,如图9-146所示。在腰线部分,利用"缩放"工具,拖曳垂直于腰线平面的操纵轴,将不平整的腰线挤压在同一水平面,如图9-147所示。修整裤腿形状,使其呈直筒形,如图9-148所示。开启细分曲面后,效果如图9-149所示。

图9-144

图9-145

图9-146

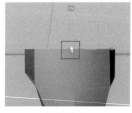

图9-147

图9-148

图9-149

（3）制作裤腿的卷边效果。在操作视窗中,进入"边"模式,选择裤脚的边,利用"缩放"工具使该边略微扩张,如图9-150所示。将该边向上折叠,如图9-151所示。再将该边向内收缩,如图9-152所示。最终裤腿的卷边效果如图9-153所示。

完成裤子模型的创建,效果如图9-154所示。

图9-150

图9-151

图9-152

图9-153

图9-154

9.1.7　头发建模

为卡通角色创建头发模型有多种方式，可以运用"样条"建模，或是"多边形"建模，抑或是"毛发对象"建模等。在此将利用"融球"生成器来创造出头发效果。

微课视频

（1）创建"融球"生成器。在工具栏中按住"细分曲面"图标 ⬤ 并拖动鼠标，在其下拉列表中选择"融球"选项，如图9-155所示。

（2）创建球体。在工具栏中按住"立方体"图标⬙并拖动鼠标，在其下拉列表中选择"球体"选项，如图9-156所示。

（3）使用"融球"生成器。将"球体"作为"融球"的子级，如图9-157所示。在此基础上，多次复制球体，并将这些"球体"均作为"融球"的子级，这时，我们可以观察到这些"球体"已融为一体，如图9-158所示。

图9-155

图9-156

图9-157

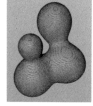
图9-158

（4）多次复制球体组成发型。使用步骤（3）中的操作，将多个球体融合，并调整其位置和大小，得到图9-159所示的效果。

（5）调整"融球"生成器。在属性管理器中，调整融球参数，将"编辑器细分"设置为5cm，"渲染器细分"设置为5cm，如图9-160所示。

图9-159

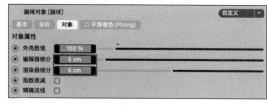
图9-160

9.2　卡通角色动画

完成卡通角色模型的制作后，将进行卡通角色动画的制作。卡通角色动画可以细分为"角色模型绑定""加载动画数据""灯光渲染"3个部分。一个生动、活泼的卡通角色动画不仅需要可爱的卡通角色模型，还需要有与其身份相符的可爱动作，两者相辅相成，最后再进行灯光渲染统一画面风格，完成整个卡通角色动画的制作。

9.2.1 角色模型绑定

角色模型绑定可以简单地理解为给角色模型安装骨骼。只有确认哪些部分是骨骼，才能计算出骨骼之间的活动关节，从而使得角色模型能够基于现实生活的运动规律活动起来。

1. 骨骼绑定

角色模型绑定前，需要规范模型面数。一旦涉及模型绑定，对于建模的要求就非常高了。在绑定前，需要避免模型三角面、不规则面的出现，同时限制模型面数。可以在建模过程中，将细分曲面的细分数调小，操作者对模型面数需要有足够的敏感度。头发部分不涉及绑定，可以适当调低融球的细分数。

（1）连接所有对象并删除。在对象管理器中，选择主体模型所有对象，单击鼠标右键，在弹出的快捷菜单中选择"连接对象+删除"命令，将主体模型所有部分视为一个整体。

（2）创建"关节工具"。在菜单栏中选择"角色＞关节工具"命令，如图9-161所示。

（3）进入正面视图。在操作视窗中，单击鼠标滚轮，即可快速打开三视图，在正视图下，单击鼠标滚轮即可实现快速切换，正视图如图9-162所示。

图9-161　　　　　图9-162

（4）创建脊柱关节。按住"Ctrl/Cmd"键单击关节位置即可。在创建脊柱前，应先确定好角色关节的位置。在尾骨位置按住"Ctrl/Cmd"键并单击，如图9-163所示。在腰部位置按住"Ctrl/Cmd"键并单击，如图9-164所示。在胸前位置按住"Ctrl/Cmd"键并单击，拖曳至与腋下处于同一水平面，如图9-165所示。在锁骨位置按住"Ctrl/Cmd"键并单击，如图9-166所示。在颈部位置按住"Ctrl/Cmd"键并单击，如图9-167所示。在头顶位置按住"Ctrl/Cmd"键并单击，如图9-168所示。

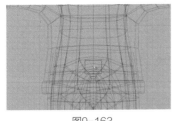
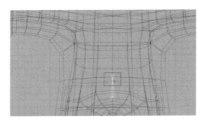
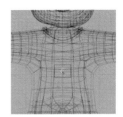

图9-163　　　　　图9-164　　　　　图9-165

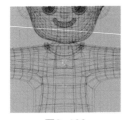
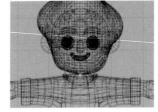
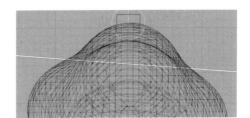

图9-166　　　　　图9-167　　　　　图9-168

（5）创建手臂关节。在菜单栏中选择"角色＞关节工具"命令，如图9-169所示。在锁骨位置按住"Ctrl/Cmd"键并单击,如图9-170所示。在手臂关节位置按住"Ctrl/Cmd"键并单击,如图9-171所示。在手腕位置按住"Ctrl/Cmd"键并单击,如图9-172所示。在指尖位置按住"Ctrl/Cmd"键并单击,如图9-173所示。

图9-169

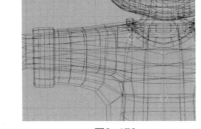

图9-170

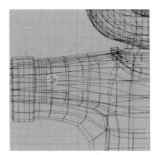

图9-171

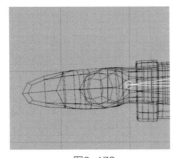

图9-172

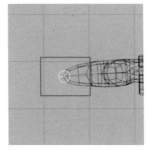

图9-173

（6）调整手臂关节位置。在三视图中调整手臂关节到合适位置,如图9-174所示。需要注意,在对象管理器中,关节与关节之间以"父子级"关系连接,如图9-175所示,当移动某关节时,其子级关节也会跟随移动。按住"7"键,移动父级关节时,子级关节位置不受影响。

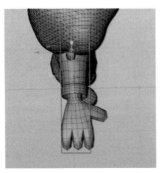

图9-174

图9-175

（7）镜像生成右臂关节,创建"镜像工具"。在上述过程中,已经完成左臂关节的制作,此时可以对左臂关节进行镜像复制,得到右臂关节。在对象管理器中,单击左臂关节的根对象。在菜单栏中选择"角色>镜像工具",如图9-176所示。

（8）调节"镜像工具"参数。在属性管理器中,调节"镜像工具"参数,将"镜像"设置为"-To+",如图9-177所示,单击"镜像"按钮,生成右臂关节,效果如图9-178所示。

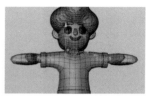

| 图9-176 | 图9-177 | 图9-178 |

（9）制作腿部关节。在操作视窗中，将视图设置为侧方视图，如图9-179所示。在胯部位置按住"Ctrl/Cmd"键并单击，如图9-180所示。在膝盖位置按住"Ctrl/Cmd"键并单击，如图9-181所示。在脚踝位置按住"Ctrl/Cmd"键并单击，如图9-182所示。在脚跟位置按住"Ctrl/Cmd"键并单击，如图9-183所示。在脚尖位置按住"Ctrl/Cmd"键并单击，如图9-184所示。

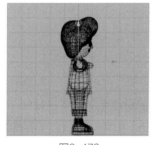

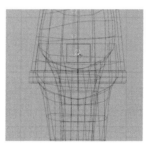

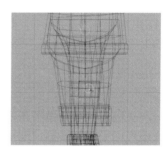

| 图9-179 | 图9-180 | 图9-181 |

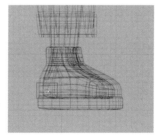

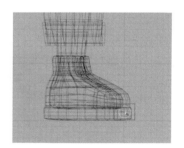

| 图9-182 | 图9-183 | 图9-184 |

（10）调节腿部关节的位置。在三视图中，利用"移动"工具调整关节点到合适的位置，如图9-185所示。需要注意，在制作过程中，应多次切换视图比对效果，以找到最合适的位置。

（11）镜像生成右腿关节，创建"镜像工具"。在上述过程中，已经完成左腿关节的制作，此时可以将左腿关节进行镜像复制，以得到右腿关节。在对象管理器中，单击左腿关节根对象。在菜单栏中选择"角色>镜像工具"，如图9-186所示。

（12）调节"镜像工具"参数。在属性管理器中，调节"镜像工具"参数，将"镜像"设置为"－To+"，如图9-187所示，单击"镜像"按钮，生成"右腿"关节效果如图9-188所示。

（13）重命名关节。在对象管理器中，对各部分关节进行重命名，关节数量较多时，良好的命名习惯能够有效提高工作效率。

（14）连接各部分独立关节。将左腿和右腿关节拖入"尾骨"的子级，如图9-189所示。将左手关节和右手关节拖至"锁骨"的子级，如图9-190所示。此时各部分关节已经连接，单独显示关节,形态如图9-191所示。

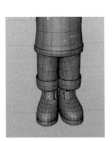

图9-185　　图9-186　　　　　　　図9-187

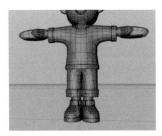

图9-188　　　　图9-189　　　　图9-190　　　　图9-191

(15)创建左臂IK链。此时关节的控制方式是由父级引导子级,也就意味着操作者需要逐级移动来调整关节,这是不符合常理的。当设置IK链后,移动子级关节时,父级关节也会跟随移动,效果自然,符合常理。在对象管理器中,同时选择左臂锁骨关节(左臂第一关节)、左臂手腕关节(左臂第三关节),如图9-192所示。在菜单栏中选择"角色>创建IK链"命令,对象管理器中将生成"空白"对象,将其重命名为"左手",这个"空白"对象可以理解为一个控制器,控制着左手的动向。右臂IK链的制作同理。

(16)创建腿部IK链。制作腿部IK链的方法与制作手臂IK链的方法相同,需要注意胯关节以及脚踝关节的制作,如图9-193所示。

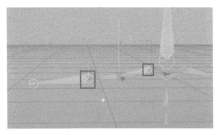

图9-192　　　　　　　　图9-193

(17)调节IK链设置"旋转手柄"。在调节第1级关节与第3级关节时,第2级关节的动向处于不确定状态,需要在属性管理器中对"IK链"参数进行设置。在对象管理器中,同时选择两只手臂的"IK"标签,在属性管理器中,单击"添加旋转手柄"按钮,如图9-194所示。在对象管理器中,将会生成"关节旋转手柄"对象,如图9-195所示。单击"关节旋转手柄",在属性管理器中,将"外形"设置为"球体",将"半径"设置为30cm,如图9-196所示。将"球体"移动到关节IK链中间关节应该弯曲的方向,如图9-197所示,该球体也可用于调整关节弯曲方向。

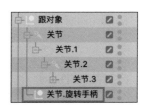

图9-194

图9-195

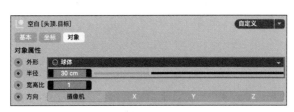

图9-196

图9-197

（18）优化对象管理器中的旋转手柄。旋转手柄应当跟随手臂移动，所以需要将左、右臂的旋转手柄分别移动到对应的移动控制器的子级中，如图9-198所示。

图9-198

（19）为腿部制作旋转手柄。腿部的旋转手柄制作方式与手臂的旋转手柄制作方式相同，为腿部创建旋转手柄，效果如图9-199所示。

（20）设置其他关节控制器。显示模型后，关节点将被模型覆盖，不易操作。为此类关节创建更多控制器，以便制作动画。在对象管理器中，新建"空白"对象，并将其命名为"腰部控制器"。在属性管理器中，将"空白"对象的"外形"设置为"圆环"，将"半径"值适当增大，调整至腰部关节点位置，效果如图9-200所示。在对象管理器中，在腰部关节位置单击鼠标右键，在弹出的快捷菜单中执行"装配标签>约束"命令，如图9-201所示。在属性管理器中，勾选"变化"复选框，如图9-202所示。勾选后，将会出现"变换"选项卡。在"变换"选项卡中，勾选"维持原始"和"旋转"，再将"腰部（控制器）"拖入"目标"属性框中，如图9-203所示。使用"旋转"工具控制圆环面，角色的上半身将跟随圆环面旋转。

（21）根据上述原理，可以为身体各可移动关节创建控制器，如"手腕""脚踝""锁骨""脚掌"等。其中需要注意子级关节的控制器应该处于父级关节控制器的子级，如图9-204所示，以便控制器能够跟随关节移动。最后在属性管理器中赋予形状颜色，以便区分，最终效果如图9-205所示。

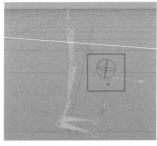

图9-199

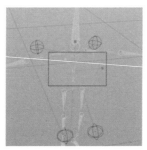

图9-200

图9-201

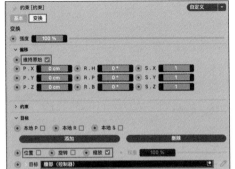

图9-202　　　　　　　　图9-203　　　　　　　　图9-204　　　　　　图9-205

（22）绑定角色。在对象管理器中，全选人物模型、控制器和"关节"，在菜单栏中选择"角色＞绑定"命令，如图9-206所示。绑定完成后，角色的权重易出现错误，需对其"权重"进行调整。骨骼绑定后的效果如图9-207所示。

图9-206　　　　　　　　　　　　　图9-207

2. 绘制权重

"权重"这个概念在之前绘制顶点贴图时有提到过。在这里，权重将会通过颜色的方式在模型表面显示。各个颜色覆盖面积所对应的是各个关节影响的范围，颜色的饱和度对应着模型受关节影响的强度。

（1）打开"权重管理器"。在菜单栏中选择"角色＞管理器＞权重管理器"命令，如图9-208所示。

（2）查看权重。在权重管理器中，打开"关节"选项卡，在"关节"选项卡中通过颜色查看模型各部分的权重，如图9-209所示。

（3）调用"权重工具"。"权重工具"用于调整各关节影响模型的范围及强度。在菜单栏中选择"角色＞权重工具"，如图9-210所示。

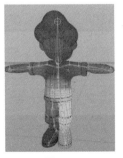

图9-208　　　　　　　　图9-209　　　　　　图9-210

（4）调节头部权重。在此以头部为例讲解绘制权重的方法。在"关节"选项卡下，选择脖子关节，在操作视窗中，显示头部颜色，以表示权重，如图9-211所示。

（5）观察头部权重的显示，并利用"权重工具"调整。在头部权重显示中，其"耳朵""下巴""脖子"部分未上色，意味着这些部分不受"脖子"关节的控制，是错误的情况，应当及时调整。在菜单栏中选择"角色>权重工具"命令，如图9-212所示。在属性管理器中，调节其属性参数，将"模式"设置为"添加"，将"强度"设置为"100%"，取消勾选"仅限可见"复选框，如图9-213所示。在操作视窗中，利用"权重工具"对脖子关节影响的范围进行涂抹，即可修整其影响范围，避免关节运动出错，如图9-214所示。

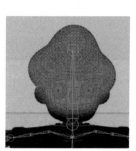  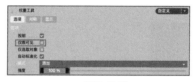 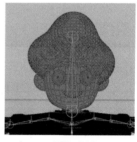

图9-211　　　　图9-212　　　　　　图9-213　　　　　　图9-214

（6）调整模型动作观察。在操作视窗中，为人物模型设计动作，如图9-215所示，以便观察是否有错误的权重出现，应当及时调整。这需要操作者对人物模型全身关节权重范围有一定的了解，最终效果如图9-216所示。

（7）平滑权重。在权重管理器中，打开"命令"选项卡，将"模式"设置为"平滑"，单击"全部应用"按钮，如图9-217所示，使权重颜色过渡得更加平滑，一定程度上避免了人物模型动作生硬的现象，效果如图9-218所示。

图9-215　　　　图9-216　　　　　　图9-217　　　　　　图9-218

9.2.2　加载动画数据

加载动画数据有多种方法，在此介绍两种方法，第一种方法是利用传统的模型动画制作方式，给关节制作关键帧，以记录动画位置属性。第二种方式是利用动作捕捉技术，从真人动作中获取动作数据，再将其赋予模型。这种技术是较为先进的方式，也能使模型运动得更加真实。

（1）复原模型形态。因在绘制模型权重时，改变了模型的动作状态，不利于调整模型的走路姿势，在此需要先将模型动作还原为初始状态。在菜单栏中选择"工具>复位变换"命令，如图9-219所示。

（2）新建平面。平面将用作参考系，将其视为"地板"，便于调整模型走路姿势。在工具栏中按住"立方体"图标并拖动鼠标，在其下拉列表中选择"平面"选项，如图9-220所示。

图9-219

（3）设置工程。在制作动画前，需要对工程进行设置，以防止渲染帧数错乱。在属性管理器菜单栏中，选择"模式 > 工程"命令，如图9-221所示。或者使用快捷键"Ctrl/Cmd+D"快速开启工程设置。在工程设置中，将"帧率（FPS）"设置为30，将"最大时长"设置为30F，将"预览最大时长"设置为30F，如图9-222所示。

图9-220

图9-221

图9-222

（4）设置第0帧。将时间轴调整到第0帧，如图9-223所示。对人物模型进行调整，左脚在后，右脚在前，胯部向右拧转，头位向右拧转，右手在后，左手在前，并对其细节进行微调，效果如图9-224所示。单击"记录活动对象"按钮，为人物动作添加关键帧。

（5）设置第15帧。将时间轴调整到第15帧，如图9-225所示。对人物进行调整，使其左脚在前，右脚在后，胯部向左拧转，头位向左拧转，右手在前，左手在后，并对其细节进行微调，效果如图9-226所示。最后单击"记录活动对象"按钮，为人物动作打上关键帧。

（6）设置第30帧。因需要制作走路循环动画，可以将第0帧的动作数据直接复制到第30帧。在时间轴上，按住"Ctrl/Cmd"键将第0帧拖动到第30帧，即可实现快速复制，效果如图9-227所示。单击"播放"按钮，即可得到动画角色循环走路的动画。

图9-223

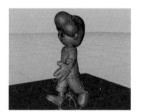
图9-224

图9-225

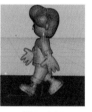
图9-226

图9-227

9.2.3　灯光渲染

灯光渲染是制作卡通角色动画的最后一步，也是确立画面整体风格的一步。在风格上，有人偏好二维平面风格，有人偏好三维立体风格，这两种风格都是能够在渲染中实现的。想要获得好的渲染效果，出色的灯光是必不可少的。利用主光、辅光、轮廓光、背景光、效果光等多种类型的灯光，可以大幅度地提升画面质感，便于制作出需要的画面风格。

1. 搭建背景

（1）创建地板。在工具栏中按住"立方体"图标并拖动鼠标，在其下拉列表中选择"平面"选项，如图9-228所示。

（2）调节平面参数。在属性管理器中，对平面参数进行调整。将"宽度分段"设置为1，将"高度分段"设置为1，如图9-229所示。将平面调整到合适大小即可，效果如图9-230所示。

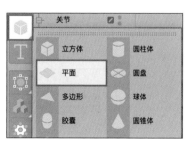
图9-228

图9-229

图9-230

（3）创建围墙。将平面转化为可编辑对象。在"边"模式下，选择平面四周的边，按住"Ctrl/Cmd"键，利用"移动"工具将其向上拖曳，即可生成墙体，如图9-231所示。在"面"模式下，删除人物正方向上的"面"，以便摄像机运动。此时效果如图9-232所示。

图9-231

图9-232

2. 创建灯光

（1）创建天空。在工具栏中按住"灯光"图标，并拖动鼠标，在其下拉列表中选择"物理天空"选项，如图9-233所示。此时效果如图9-234所示。在画面中能观察到，整个环境已经具备底子光，下面将创建灯光对环境光线加以修饰。

（2）创建灯光。在工具栏中，单击"灯光"图标即可创建灯光作为光源，如图9-235所示。

（3）调整灯光布局。将灯光位置调整到人物的左前方，如图9-236所示。复制"灯光"得到"灯光.1"，将"灯光.1"位置调整到人物后方，如图9-237所示。在属性管理器中，将"亮度"设置为60%，如图9-238所示。将"灯光.1"复制，得到"灯光.2"，将"灯光.2"放置在人物的正前方，用于补充面部阴影，效果如图9-239所示。

图9-233

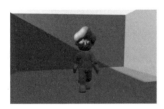

图9-234

图9-235

图9-236

图9-237

图9-238

图9-239

3. 创建材质

（1）新建皮肤材质。在菜单栏中选择"窗口 > 材质管理器"命令。在材质管理器中，双击空白区域即可快速创建材质，将其命名为"皮肤"，如图9-240所示。

（2）调节材质参数。双击"皮肤"材质球，打开"材质编辑器"。打开"颜色"选项卡，在"纹理"下拉列表中选择"菲涅耳（Fresnel）"选项，如图9-241所示。

（3）进入着色器，如图9-242所示。

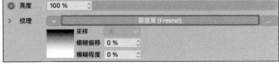

图9-240　　　　　　　图9-241　　　　　　　　　　　图9-242

（4）设置渐变颜色。对渐变条左端颜色的参数进行设置，将"H"设置为39°，"S"设置为22%，"V"设置为98%，如图9-243所示。对右端颜色的参数进行设置，将"H"设置为25°，"S"设置为37%，"V"设置为90%，如图9-244所示。

图9-243　　　　　　　　　　　　　　　图9-244

（5）设置反射参数。打开"反射"选项卡，将"全局高光亮度"设置为9%，如图9-245所示。

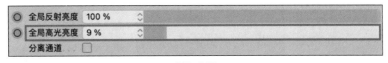

图9-245

（6）赋予材质。在操作视窗中，进入"面"模式，选中材质，使用"填充选择"工具（快捷键为"U~F"）为所选的面赋予材质，同时选择人物模型脸部、手部和腿部。在材质编辑器中，右击"皮肤"材质球，在弹出的快捷菜单中选择"应用"命令，如图9-246所示，即可赋予材质。完成操作后，效果如图9-247所示。

（7）创建服装材质。用户可根据个人喜好创建服装材质，按照上述流程重复操作即可，在此不进行讲解。在本节案例中，对"皮肤"材质球进行多次复制，均在"颜色"选项卡的"菲涅耳"着色器中调整颜色，再以此为基准调整"反射"选项卡下的"全局高光亮度"，最终效果如图9-248所示。

图9-246

图9-247

图9-248

4. 编辑渲染设置

（1）调整"输出"选项卡中的参数。在工具栏中，打开"渲染设置"窗口，在"输出"选项卡下将"帧范围"设置为"全部帧"，如图9-249所示。

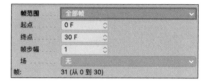

图9-249

（2）调整"保存"选项卡中的参数。在"文件"文本框中可设置文件保存的位置，在"格式"下拉列表框中可设置文件保存的格式，在此设置为"MP4"，如图9-250所示，一般项目可保存为PNG等图像序列，在此仅简单预览。

（3）开启"全局光照"。单击"效果"按钮，在其下拉列表中选择"全局光照"选项，即可开启全局光照，如图9-251所示。

（4）渲染。在工具栏中，单击"渲染到图像查看器"图标即可开始渲染，最终效果如图9-252所示。

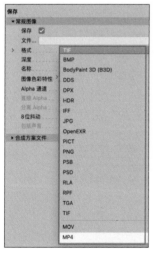

图9-250

图9-251

图9-252